日本エネルギー学会　編

シリーズ　21世紀のエネルギー 13

森林バイオマスの恵み

― 日本の森林の現状と再生 ―

松村　幸彦
吉岡　拓如　共著
山崎　亨史

コロナ社

日本エネルギー学会
「シリーズ　21世紀のエネルギー」編集委員会

委 員 長	小島　紀徳	（成蹊大学）
副委員長	八木田浩史	（日本工業大学）
委　　員	児玉　竜也	（新潟大学）
（五十音順）	関根　　泰	（早稲田大学）
	銭　　衛華	（東京農工大学）
	堀尾　正靱	（科学技術振興機構）
	山本　博巳	（電力中央研究所）

（2009 年 2 月現在）

刊行のことば

　本シリーズが初めて刊行されたのは，2001 年 4 月 11 日のことである。21 世紀に突入するにあたり，この世紀のエネルギーはどうなるのか，どうなるべきかをさまざまな角度から考えるという意味をタイトルに込めていた。そしてその第 1 弾は，拙著『21 世紀が危ない―環境問題とエネルギー―』であった。当時の本シリーズ編集委員長　堀尾正靭先生（現在は日本エネルギー学会出版委員長，兼 本シリーズの編集委員）による刊行のことばを少し引用させていただきながら，その後を振り返るとともに，将来を俯瞰してみたい。

　『科学技術文明の爆発的な展開が生み出した資源問題，人口問題，地球環境問題は 21 世紀にもさらに深刻化の一途をたどっており，人類が解決しなければならない大きな課題となっています。なかでも，私たちの生活に深くかかわっている「エネルギー問題」は上記三つのすべてを包括したきわめて大きな広がりと深さを持っているばかりでなく，景気変動や中東問題など，目まぐるしい変化の中にあり，電力規制緩和や炭素税問題，リサイクル論など毎日の新聞やテレビを賑わしています。』とまず書かれている。2007 年から 2008 年にかけて起こったことは，京都議定書の約束期間への突入，その達成の難しさの中で当時の安倍総理による「美しい星 50」提案，そして競うかのような世界中からの CO_2 削減提案。あの米国ですら 2009 年にはオバマ政権へ移行し，環境重視政策が打ち出された。このころのもう一つの流れは，原油価格高騰，それに伴うバイオ燃料ブーム。資源価格，廃棄物価格も高騰した。しかし米国を発端とする金融危機から世界規模の不況，そして 2008 年末には原油価格，資源価格は大暴落した。本稿をまとめているのは 2009 年 2 月であるが，たった数か月前には考えもつかなかった有様だ。嵐のような変動が，「エネルギー」を中心とした渦の中に，世界中をたたき込んでいる。

　もちろんこの先はどうなるか，だれも予測がつかない，といってしまえばそれまでだ。しかし，このままエネルギーのほとんどを化石燃料に頼っているとすれば数百年後には枯渇するはずであるし，その一番手として石油枯渇がすぐ目に見えるところにきている。だからこそ石油はどう使うべきか，他のエネル

ii　刊　行　の　こ　と　ば

ギーはどうあるべきかをいま，考えるべきなのだ。新しい委員会担当のまず初めは石油。ついで農（バイオマスの一つではあるが…），原子力，太陽，…と続々，魅力的なタイトルが予定されている。

　再度堀尾先生の言葉を借りれば，『第一線の専門家に執筆をおねがいした本「シリーズ 21 世紀のエネルギー」の刊行は，「大きなエネルギー問題をやさしい言葉で！」「エネルギー先端研究の話題を面白く！」を目標に』が基本線にあることは当然である。しかし，これに加え，読者各位がこの問題の本質をとらえ，自らが大きく揺れる世界の動きに惑わされずに，人類の未来に対してどう生き，どう行動し，どう寄与してゆくのか，そしてどう世の中を動かしてゆくべきかの指針が得られるような，そんなシリーズでありたい，そんなシリーズにしてゆきたいと強く思っている。

　これまでの本シリーズに加え，これから発刊される新たな本も是非，勉強会，講義・演習などのテキストや参考書としてご活用いただければ幸甚である。また，これまで出版された本シリーズへのご意見やご批判，そしてこれからこのようなタイトルを取り上げて欲しい，などといったご提案も是非，日本エネルギー学会にお寄せいただければ幸甚である。

　最後にこの場をお借りし，これまで継続的に（実際，多くの本シリーズの企画や書名は，非常に長い間多くの関係者により議論され練られてきたものである）多くの労力を割いていただいた歴代の本シリーズ編集委員各位，著者各位，学会事務局，コロナ社に心から御礼申し上げる次第である。さらに加えて，現在本シリーズ編集委員会は，エネルギーのさまざまな分野の専門家から構成される日本エネルギー学会誌編集委員会に併せて開催することで，委員各位からさまざまなご意見を賜りながら進めている。学会誌編集委員会委員および関係者各位に御礼申し上げるとともに，まさに学会員のもつ叡智のすべてを結集し編集しているシリーズであることを申し添えたい。もし，現在本学会の学会員ではない読者が，さらにより深い知識を得たい，あるいは人類の未来のために活動したい，と思われたのであれば，本学会への入会も是非お考えいただくようお願いする次第である。

2009 年 2 月

　　　　「シリーズ 21 世紀のエネルギー」　編集委員長　小島　紀徳

は じ め に

　再生可能エネルギーの導入が注目されている。太陽光，風力，地熱，バイオマスなど，二酸化炭素の排出がなく，資源枯渇を心配することなく利用できるこれらのエネルギーは，21世紀のエネルギーとして重要な位置を占める。

　この中でバイオマスは，太陽光や風力のように変動せず，また，化学エネルギーの形で蓄積されたエネルギーであるので輸送性，貯蔵性に優れるという特徴を有している。水力を除く日本の再生可能電力で最も大きい量を占めているのはバイオマスであり，製紙工場での黒液の利用は日本の一次エネルギー供給の0.5%程度を占めている。しかしながら，それ以外のバイオマスについてはまだ利用が十分に進んでいない。一方で，わが国には豊富な森林資源があるが，これが十分に用いられていない問題がある。バイオマスエネルギーを考えたときに，森林がうまく生産機能を果たしていれば，林地残材として多くのバイオマス資源が得られるという議論は多くされている。一方で，日本の林業を考えると，海外の安価な材木に押されて生産性は低下し，労働力は高齢化し，森林の手入れや保全も十分に行き届いていない状況がある。

　このような状況を受けて，日本エネルギー学会バイオマス部会と「エネルギー学」部会学融合分科会では日本の森林を有効利用する検討を行う合同ワーキンググループを立ち上げて検討を進めた。広く各地のメンバーや専門家が参加して議論を深めるにはさまざまな困難があったが，参加者の努力によって，日本の森林運営を経済的に持続可能とするためのポイントとして

- 素　材
- 副産物
- エネルギー利用
- 法律などによる補助

の四つの項目が挙げられ，これらを組み合わせた議論をすることが一つの可能性として示された。本書は，このことを踏まえて，森林の専門家である吉岡を加えて議論を整理，展開した結果をまとめたものである。この合同ワーキンググループの成果の一環として位置付けられる。

本書は必ずしも日本の森林の再生の手順を示すものではないが，森林の経済的な経営を実現する可能性を上記の四つの項目について議論したものであり，関連の知見を整理して提供するとともに，可能性を定量的に議論しようと試みた。日本の森林の将来を考える上で，また，日本の森林バイオマスの有効利用に興味を持っている方に情報を提供する上で，少しでも役に立てば幸いである。

上記の合同ワーキンググループに参加をいただいた堀尾正敬，美濃輪智朗，手塚哲央，野田玲治，久保山裕史，有賀一広，柳下立夫，関口将司，法貴誠，大谷繁，野間毅，佐藤哲朗，川部信之，小林信介，森田明宏の各位に感謝する。また，3名の執筆者がそれぞれの業務に携わる必要があったために原稿執筆が遅くなり，合同ワーキンググループから7年の月日が経過してしまった。この間根気よくお待ちいただいたコロナ社に謝意を表する。

なお，バイオマスのエネルギー利用については本シリーズの第7巻『太陽の恵みバイオマス』に松村が執筆している。また，日本エネルギー学会バイオマス部会，「エネルギー学」部会では議論を幅広く展開するために新メンバーも募集している。学会員でなくても，無料で参加可能なので，興味のある方は日本エネルギー学会のホームページ（http://www.jie.or.jp/）の該当部会のページから参加をいただければ幸いである。

2017年11月

松村幸彦・吉岡拓如・山崎亨史

〔執筆分担〕

松村　幸彦：全体編集，3章，5章

吉岡　拓如：1.1～1.3，1.5節，2章，5章

山崎　亨史：1.4節，4章

目　　　次

1　森林からの素材生産　　*1*

1.1　日本の森林資源の現状 ……………………………………………………… *2*

　1.1.1　面　　　　積 ………………………………………………………… *2*

　1.1.2　蓄積，成長量と伐採量 …………………………………………… *5*

　1.1.3　木材需要と自給率 …………………………………………………… *7*

　1.1.4　なぜ日本の森林資源は利用されなくなったのか ………………… *9*

1.2　木材はどのようにして生産されるか ………………………………… *13*

　1.2.1　産業としての林業 …………………………………………………… *13*

　1.2.2　日本の林業機械化のはじまり …………………………………… *14*

　1.2.3　作業用語と林業機械 ………………………………………………… *15*

　1.2.4　伐出作業システム …………………………………………………… *17*

　1.2.5　森林の基盤整備 ― 林道と作業道 ― ……………………………… *22*

1.3　人工林資源の成熟化に向けて ……………………………………… *26*

　1.3.1　日本の木が大きくなっている …………………………………… *26*

　1.3.2　境界明確化と施業の集約化 ……………………………………… *27*

　1.3.3　路網と作業システムの一体化 …………………………………… *28*

1.4　木　材　利　用 …………………………………………………………… *31*

　1.4.1　木材の構成と木化 …………………………………………………… *31*

　1.4.2　材料としての優位性 ………………………………………………… *33*

　1.4.3　樹木から木材へ ― 乾燥の必要性 ― ……………………………… *36*

　1.4.4　カスケード利用のすすめ …………………………………………… *40*

vi　　目　　　　次

1.4.5　木質バイオマス	46
1.5　森林資源の有効利用に向けて	48

2　副産物の利用 ― 森林の恵みを利用するために ―　49

2.1　特 用 林 産 物	50
2.1.1　特用林産物とは	50
2.1.2　森林の荒廃とまつたけ	52
2.1.3　原発事故の影響	55
2.2　野 生 動 物	56
2.2.1　シカが増え続けている	56
2.2.2　なぜこんなに増えてしまったのか	58
2.2.3　拡大造林とシカ問題とのつながり	62
2.3　森 林 の 価 値	63
2.3.1　森林の有する多面的機能	63
2.3.2　森林の価値は年間 70 兆円	65
2.3.3　この評価をどう考えるか	66
2.4　林業の副産物の利用 ― 林地残材の収穫 ―	66
2.4.1　日本は木質エネルギー利用後進国か？	66
2.4.2　森林バイオマスの収穫技術	68
2.4.3　日本での研究事例	70
2.5　山村の活性化に向けて	73

3　エネルギー副産による経済性向上　75

3.1　木の持っているエネルギー	76
3.2　エネルギー副産の手法	78
3.2.1　薪	78

目　　　　次　*vii*

3.2.2　チ　ッ　プ ……………………………………………………… 79

3.2.3　ペ　レ　ッ　ト ………………………………………………… 80

3.2.4　ブ　リ　ケ　ッ　ト ……………………………………………… 80

3.2.5　木　　　炭 …………………………………………………… 81

3.2.6　直 接 燃 焼 発 電 ………………………………………………… 82

3.2.7　混　　　焼 …………………………………………………… 84

3.2.8　ガ ス 化 発 電 …………………………………………………… 85

3.2.9　その他の技術 …………………………………………………… 86

3.3　可　　能　　性 ……………………………………………………… 86

3.3.1　エネルギー生産に伴う経済収支 ……………………………… 86

3.3.2　電 気 か 熱 か ……………………………………………………… 89

3.3.3　エネルギー利用による森林経済性向上の可能性 ………… 93

4　法律に基づく政策や規制　95

4.1　関 連 す る 法 律 ……………………………………………………… 98

4.1.1　森　　林　　法 ………………………………………………… 100

4.1.2　森林・林業基本法 ……………………………………………… 102

4.1.3　森林の整備に関連する法律 ………………………………… 104

4.1.4　木材に関連する法律 …………………………………………… 107

4.1.5　公共建築物等における木材の利用の促進に関する法律 ……… 108

4.2　林業行政における政策と規制 ………………………………… 109

4.2.1　戦後から林業基本法制定まで（白書以前）…………………… 115

4.2.2　林業生産と林業技術の向上 ………………………………… 115

4.2.3　産業としての林業と構造改善事業 …………………………… 120

4.2.4　木材需給・自給率の変遷と政策 …………………………… 123

4.2.5　林業従事者と山村対策（人と地域）………………………… 133

4.2.6　国土の保全と森林整備 ……………………………………… 138

4.2.7	国有林野政策	139
4.2.8	時代の変化と政策の転換	142
4.2.9	合　法　木　材	145
4.2.10	森林・林業再生プラン	146
4.2.11	森林整備加速化・林業再生事業	148

5　持続可能な林業の可能性　150

引用・参考文献 ………………………………………………… 155

1 森林からの素材生産

日本人は木を植えることが好きである。

東海道五十三次に描かれた江戸時代後期の日本の山は，数本の松がまばらに生えているだけというものが多い。これは，当時の人々の暮らしを支える燃料のほとんどを，薪や炭といった森林資源に依存していたことを物語っている。樹木を失った山は保水力が低下し，大雨が降るたびに土砂災害を引き起こしたが，明治以降，このような山に木を植えることで山を治めてきた。

現代に目を向けても，天皇皇后両陛下をお迎えしての全国植樹祭が毎年開催されるし，また市民のボランティアレベルにとどまらず，CSR（corporate social responsibility；企業の社会的責任）の一環として，民間企業に所属する会社員までもが休日に山に出掛けて植林活動を積極的に行っている。いまも昔も，木を植えることが善であると認識されていると考えて間違いない。

一方，木を伐ることは環境破壊であり，割りばしを使うことは資源の無駄遣いであると悪者扱いされた時期が長く続いた。木を植えることとは反対に悪とされたのである。しかしこれらについても，人間が木を植えて造った人工林には間伐（thinning）という行為が必要なこと，割りばしは丸い形状の丸太から四角い角材を加工する際に発生する端材を捨てずに有効利用したものであるということが，一般にも理解されつつあるように感じる。

本章では，ともすれば誤解されてしまうことの多い資源としての森林の利用について，はじめにわが国の置かれた状況を見てみたい。つぎに森林からどのようにして木材が伐り出されるのか，そしてその木材を生産する林業とはどの

2   1. 森林からの素材生産

ような産業であるのかを解説したうえで，これから人工林資源の成熟期を迎える日本が抱える課題とその解決に向けた現場の取り組みを紹介したい。また，木材を利用することの意義を考えたい。

1.1　日本の森林資源の現状

1.1.1　面　　　積

わが国の森林面積はおよそ2 500万ha（＝25万km^2，1 ha＝100 m×100 m）で，国土面積（37.8万km^2）の2/3を占める。**表1.1**に森林資源が豊富で林業が盛んな国々との比較を示す。アメリカやカナダ，ドイツのような人口の多い国は，国民を養うために平坦な場所が農地として開拓された結果，3割程度の森林率に落ち着いた一方，日本は同水準の人口を抱えるにもかかわらず，地形が急峻な場所が多く，そのような土地は森林くらいしか使い途がないため，結果として人口が1/10以下のスウェーデンやフィンランドと同程度の高い森林率を維持できていると考えることもできよう。ちなみに，わが国と同じように急傾斜地が多いことから，最近では林業のお手本とされることの多いオーストリアの森林率は5割に届かない。

表1.1　森林面積の諸外国との比較[1]†

国　名	総面積〔千ha〕	森林面積〔千ha〕	森林率〔%〕	人口〔千人〕
日本	36 450	24 979	69	127 293
（北米）				
アメリカ	914 742	304 022	33	311 666
カナダ	909 351	310 134	34	33 259
（中欧）				
ドイツ	34 863	11 076	32	82 264
オーストリア	8 245	3 887	47	8 337
（北欧）				
スウェーデン	41 034	28 203	69	9 205
フィンランド	30 390	22 157	73	5 304

---

†　肩付き番号は巻末の引用・参考文献番号を示す。

2 500 万 ha のうちの 1 000 万 ha が人工林（man-made forest）であり，残りを天然林（natural forest）と伐採跡地，竹林などが占める（**図 1.1**）。天然林とは文字通り自然に成立した森林であり，人間が生やした人工林を「ハヤシ」と呼ぶのに対し，例えば神社の背後に広がる鎮守の森がこんもりと生い茂るその姿から，天然林を「モリ」と区別する考え方もある。ハヤシは，人工的に造成されたいわゆる「木材の畑」であり，このような畑が国土の 1/4 以上を占めるというのは驚異的である（日本のすべての作物の農地面積を合計しても 450 万 ha 程度にすぎない）。先人の努力でこれほど大量に植えられているにもかかわらずその後の手入れを怠ったために，スギが生命の危機をおぼえて花粉を大量に放出していると説く人もいる。

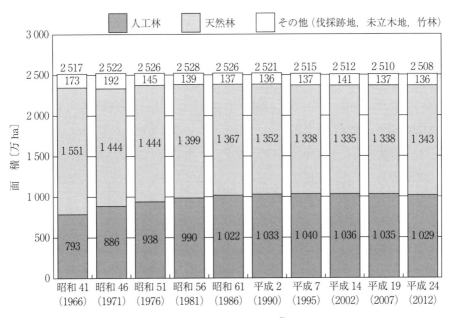

図 1.1 森林面積の推移[2)]

日本人は木を植えることが好きと先に述べたが，図 1.1 を見てもわかるように，じつは日本の森林面積は，およそ半世紀の間ほとんど増えても減ってもいない。グラフからは天然林の面積が減り，人工林の面積が増えていることが読

み取れるが，その経緯の概略はつぎのとおりである。

第二次世界大戦が終結した後，わが国では復興のために大量の木材が必要となり，山から木が伐り出された。その結果，とくに個人や企業，地方自治体が所有する森林である民有林（private and communal forest）の資源が不足してしまい，需要と供給のバランスがひっ迫し木材価格が高騰した。なお，比較的奥地にあるため国が管理する国有林（national forest）には緑が残っていたが，当時の世論には林野庁は木材を出し惜しみしていて怪しからん，国有林からどんどん伐採しろという論調すら存在した。これを受け，政府は大まかにいえば拡大造林と木材の輸入自由化という二つの政策を，昭和30年代（1955 ～ 1964年）に実行した。木材の輸入自由化については後述することにして，ここでは拡大造林を解説したい。

拡大造林とは，端的にいえば単位面積当りの成長速度の遅い天然林を伐採し，そこにまっすぐ伸びて成長の早いスギや柱材としての価値が高いヒノキ，寒さに強いカラマツなどを植えることで，全国各地に人工林を造成していったことを指す。やはり昭和30（1955）年頃よりはじまった燃料革命によって薪や炭の需要が激減したため，山村では代わりの収入源が必要とされたことが大きな原動力となりクヌギ，コナラが生える里山が伐採された。また日本経済が急激に復興し，住宅資材はもちろんのこと紙の原料としての木材需要が高まったこともあり，奥地に広がるブナやミズナラの天然林も伐られていった。

この結果，わが国の人工林は現在どのような状況にあるのだろうか。人工林の林齢（＝森林の年齢）分布を表すグラフを**図1.2**に示す。異なる林齢の森林が同じ面積だけ均等に存在すれば，毎年同じ面積を植林して，間伐して，等しい量の木材を生産して，と計画の立案が容易になり，いわゆる持続的な経営が可能となるはずである。しかし実際のところはバランスが非常に悪い。1 ha当り数千本の苗木を植える人工林に対しては，50 ～ 60年後の最終的な伐採を意味する主伐（final felling）の際には数百本程度になるまで間伐をしなければならないが，これまでは若い人工林が多すぎたため，間伐に手が回らないうちに高齢級の人工林が50％を超えてしまったというのが実情である。さらにこ

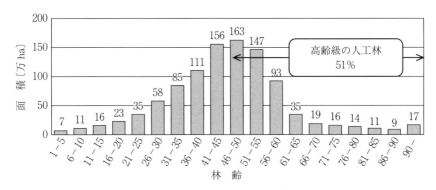

図 1.2 人工林の林齢別面積[2]

の間に林業の採算性が悪化したことから,水土保全や地球温暖化対策と称して国や地方自治体が補助金を出しながら,なんとか間伐してきたというのが現実ではなかろうか。

しかし若いハヤシが多いため,森林の成長は旺盛である。資源としての森林を評価するうえで重要な因子は,木材の体積,すなわち材積である。次項では材積の視点から,増え続ける資源量について眺めてみたい。

1.1.2 蓄積,成長量と伐採量

わが国の森林資源の状況を把握することを目的として,林野庁が数年に一度実施している森林資源現況調査によれば,平成24(2012)年3月末時点での森林の蓄積(growing stock)は約49億 m^3 である(**図 1.3**)。グラフからもわかるように,人工林を中心に日本の森林は成長を続けている。

もう少し図1.3を見てみると,直近の5年間で蓄積はおよそ4億7 000万 m^3 増加している。1年間の増加量は平均で9 400万 m^3/年となるが,これに年間伐採量を加えたものが森林の1年間の成長量という関係にある。その年間伐採量は約4 400万 m^3/年,このうち間伐が2 700万 m^3/年を占める[2]。しかしこの間伐による伐採量には,木を伐り倒しただけで林内に放置される「伐り捨て間伐」によるものが多数含まれる。先に補助金による間伐に言及したが,1 ha に苗木を何千本も植える人工林は,間伐をしなければ木が十分に太らず,その

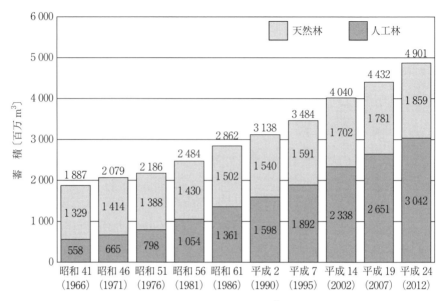

図1.3 森林蓄積の状況[2]

ような森林は土砂災害に脆くなってしまう，あるいは間伐をすれば残された木が太り，森林の二酸化炭素吸収機能が向上するなどの理由で，とりあえず間引きするためだけに多額の税金が投入されてきたというのが実際のところである．

┌─ ティータイム ─────────────────────────┐

日本の森林をすべてエネルギーとして利用したら…

わが国の森林の蓄積49億 m^3 の内訳は，針葉樹（coniferous tree または softwood）が34億6700万 m^3，広葉樹（broad-leaved tree または hardwood）が14億3300万 m^3 である[3]．ここで木材の比重について針葉樹を0.4トン/m^3，広葉樹0.6トン/m^3，木材の単位重量当りの発熱量を19.2 GJ/トンとすれば，重量は合計22億4660万トン，単純に燃やした場合の発熱量は43.1 EJとなり，国内の一次エネルギー総供給量23 EJ/年のおよそ1.9年分に相当する．なお，ここでいう蓄積とは樹木の幹の材積の合計であり，枝や葉，根は含まれない．したがって，エネルギー利用を想定したバイオマスとしての資源量を正確に評価するためには，樹種や林齢ごとに定められた幹に対する枝葉や根の重量比を表す「バイオマス拡大係数」を考慮する必要がある．

└─────────────────────────────────┘

さて，丸太として森林から搬出される木材を素材（log）と呼ぶ。主伐と一部の間伐により伐採された1本の木の材積に対する，生産される丸太材積の歩留まりを考慮したものの合計が素材生産量となる。平成23（2011）年は約1800万m³/年，このうち間伐によるものが700万m³/年であった[4]。搬出を含む間伐を利用間伐というが，この利用間伐に対しては，伐り捨て間伐よりも高額の補助金が支給されることが多い。

以上をまとめると，わが国は森林の1年間の成長量のおよそ3割しか伐採せず，しかもその伐採量の40%しか林外に持ち出しておらず，残りを林内に廃棄していることになる。日本と同等の森林資源を有するスウェーデンやフィンランドが，年間成長量の7割の木材を伐採し，これを木質エネルギーの利用拡大につなげているといわれている[5]ことと比べると好対照である。ここまでは，森林資源の利用について供給サイドから話を進めてきたので，つぎは需要サイドから眺めてみたい。

1.1.3　木材需要と自給率

平成23（2011）年の国別の木材供給状況を**図1.4**に示す。総供給量に占める国産材の割合，すなわち自給率はわずかに4分の1を超えたにすぎないという実態が見てとれる。前述の年間成長量と併せて考えると，国内の需要を十分に賄えるだけの成長量があるにもかかわらず，外国からの輸入に多くを依存している。場合によっては海外の森林破壊に寄与しているおそれすらある。いってみれば，銀行預金の利息だけで生活できるのに，そこにはあまり手を付けずに他人のお金で暮らしているのである。

続いて木材需要と自給率の推移を見てみよう（**図1.5**）。昭和30（1955）年には9割を超えていた自給率が続落し，ここ20年ほどは20%台で推移している様子がわかる。なお，自給率は平成12（2000）年の18.2%を底に回復しているが，これはバブル崩壊後の長期にわたる経済不況で住宅着工戸数が減少するなど，木材需要そのものが減少し続けているのがおもな理由であり，供給量は2000万m³/年を割る辺りで低迷している。

8　1. 森林からの素材生産

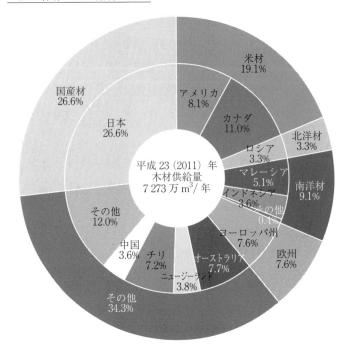

図1.4 国別の木材供給状況[6]

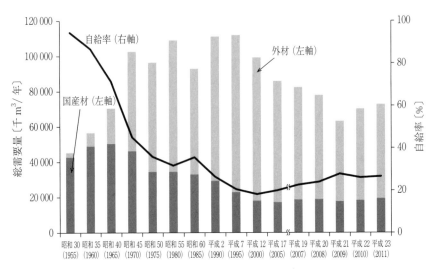

図1.5 木材需要と自給率の推移[4]

1.1.4 なぜ日本の森林資源は利用されなくなったのか

日本の森林資源が利用されなくなったおもな理由を考えてみたい。

〔1〕 **海外からの安価な木材の輸入**　大きな要因としては，昭和39 (1964)年に木材（丸太）輸入が完全自由化されたことと，1970年代に為替レートが変動相場制へ移行したことが挙げられる。それまでは1ドル＝360円の固定相場制で取引されていたが，外国為替市場によってドルに対する円の価値が決められるようになり，さらに1985年のプラザ合意を経て円高ドル安が加速したため，海外から容易に木材を輸入できるようになったのである。単純な比較はできないものの，1ドルが70円台だった時期もあり，ドル建てであれば同価格の商品が1ドル＝360円の頃の2割強のコストで仕入れることが可能になったと考えることもできる。すでに長期間にわたって国際競争にさらされているという点では，木材はコメの対極にある商品なのであるが，それではなぜいまから半世紀も昔，戦後の早い時期に木材の輸入が自由化されてしまったのであろうか。

一つには，拡大造林によって人工林の造成を加速させたとしても，農作物と異なり，木が育つのには数十年という年月を必要とすることが挙げられよう。急増する木材需要に手っ取り早く対応するには，輸入に頼るしかなかったのである。つぎに当時の山村の置かれた状況を見てみよう。

図1.6に，スギ1 m^{3}で雇用できる伐木[†]作業者数を示す。このグラフは，林地に生えている状態でのスギの1 m^{3}当りの価格を意味する山元立木価格を，木材伐出業の賃金で割った値の推移を示している。昭和36 (1961) 年にはスギ1 m^{3}で10人以上を雇えていた。大げさかもしれないが，筆者は「昔は山持ちが木を1本伐れば，1か月は遊んで暮らせた。」という話を聞いたことがある。そのような時代背景もあり，農家は子や孫のために，自分の持ち山に積極的に木を植えていた。こうしてわが国の山林の零細な所有形態が維持されていった。やがて日本経済が力を付け，若者が都市へ流出した結果，多数の不在村地主，つまり山林を相続した世代の多くが地元に不在となる事態が発生し

---

†　木を伐り倒す作業のこと

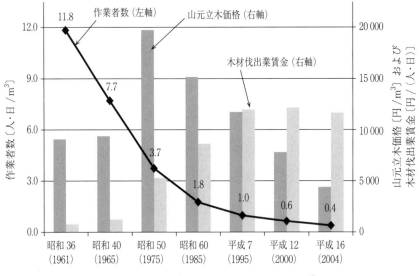

図1.6 スギ1m³で雇用できる伐木作業者数[7]

た。彼らが自分の山の手入れをしたくても、あるいは売り払ってしまいたくても、自分の山がどこにあるかさえわからないという状態に陥ってしまい、これが後で述べる新たな問題を引き起こしている。

図1.6において、すでに平成12（2000）年にはスギ1m³では1人分の給料すら支払えなくなってしまっている。昭和40（1965）年には26万人いた林業就業者数は、平成22（2010）年にはおよそ7万人まで落ち込むとともに、65歳以上の就業者数の割合を示す高齢化率も、全産業と比べて高い状態にある[6]。つまり、拡大造林の頃までは豊富であった労働力は、若者を中心に収入源を失った山村から都市へと流出し、人工林の手入れが必要となったいま、その担い手が不足しているのである。

〔2〕 **時流からの遅れ**　わが国の森林資源が利用されなくなっていった理由として、ここまで外国から木材を安く輸入できるようになったことに焦点を当てて話を進めてきたが、もちろんコストの問題だけが理由というわけではなく、いくつもの要因が複合的に絡み合い現在に至っている。この節の最後に、その要因の一つとして、木造住宅の建築工法の変化に日本の木材の流通構造が

ティータイム

立木の価値はどのようにして決まるか

　山元立木価格は，固定資産税，相続税などのために不動産として山林を評価する際にも用いられる指標であり，わが国の場合，市場価逆算方式により計算される。その内容は，原木市場での丸太の取引価格から，伐採や搬出に必要な経費を控除して算出された幹材積 1 m³ 当りの価格を山元立木価格とするというものである。ここでスギ 1 m³ 当りの山元立木価格と市場での丸太価格，製材品としての販売価格の推移を図に示す。大雑把にいって製材品価格は外国からの輸入商品との競争のなかで評価されるため，これが最初に決まり，そこから製材工場での加工コストを差し引いたものが丸太の市場価格，さらにそこから林業のコストを差し引いたものが山元立木価格として評価されるという仕組みである。驚くことに，平成 24（2012）年の価格 2 600 円/m³ は，昭和 30（1955）年の 6 割弱でしかない。仮に 40 年生のスギ 1 本の幹材積を 0.3 m³/本として，その価値が 1 000 円に満たない計算である。40 年も手塩にかけて育てた木が，1 本 1 000 円にもならないというのはとても悲しい。なお，山元立木価格は，伐採・搬出後に手元に残るお金と考えることもできる。これが苗木を購入したり木を植えたりする金額として十分ではないため，主伐後の伐採跡地に再造林されない造林放棄地が全国各地で増えつつある。

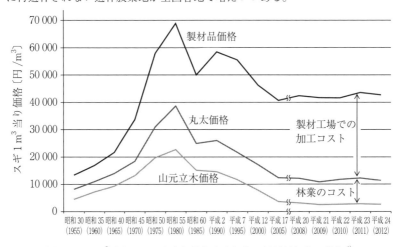

図　スギ 1 m³ 当りの山元立木価格と丸太価格，製材品価格の推移[4]

12   1. 森林からの素材生産

ついていけなかった点に触れておきたい。

　従来は，地域の工務店が住宅の建築を受注し，お抱えの大工が現場の様子を見ながら製材品を加工して組み立てていくという工法が主流であった。しかし大手ハウスメーカーの進出とあいまって，あらかじめ工場で加工し，現場ではプラモデルのような感覚で組み立てるプレカット工法が急速に普及していった。平成7（1995）年に32％であった木造住宅の着工戸数に占めるプレカット工法のシェアは，同23（2011）年には88％にまで達している[6]。地域のつながりや大工の職人技といったものが消えゆく寂しさはあるのかもしれないが，工場であらかじめ機械で加工するため工期を短縮するとともに廃棄物の発生量を削減したり，大手の進出により材料費を安く抑えたりできるようになったことで，大幅なコストダウンが実現し，消費者にとってそれまでは高嶺の花であった一軒家に手が届くようになったというメリットがそこには存在する。

　このような変化のなかで，材料としての木材に求められる水準は高くなっていった。その一つに含水率（water content）（p.38のティータイム「含水率」を参照）がある。もともと樹木は生き物のため体内には多くの水分を含んでおり，木材は含水率の高い材料であるといわれている。そのため加工する時点で十分に乾燥されていないと，その後の水分の変化でゆがんだり変形したりしてしまう性質を有している。ゆえに加工段階で乾燥により含水率を低下させることが重要になってくるのであるが，高性能な乾燥設備を持たない零細な製材工場は，製材品の規格化が進む過程でその多くが廃業に追い込まれた。大規模製材工場のシェアが高まる一方，径級のそろった丸太を大量かつ安定的に供給す

◆─ ティータイム ─

林業も国際競争のなかでガンバっている

　ティータイム「立木の価値はどのようにして決まるか」で示した図において，丸太価格から山元立木価格を差し引いたものが伐採・搬出にかかる費用すなわち素材生産のコストであるが，日本の経済力が向上し人件費が高騰するなか，素材生産コストはむしろ下がっているようにも見える。これは林業機械の導入や林道建設により，生産性を高めてきた成果である。

る能力が国内には十分に存在しないという，木材の流通構造の問題が顕在化した。一時的・局所的に外材の価格のほうが国内の原木市場のそれよりも高くなるという逆転現象が発生したにもかかわらず，輸入丸太を使わざるを得ない事態さえ生じている。

海外の木材企業は，わが国のこの流れを詳細にマーケティング（市場調査）したといわれている。その一方，業界全体として見たとき，国内の製材工場や工務店がこの変化の速度についていくことができなかったことも，日本の森林資源が利用されなくなっていった一要因として挙げられるのではないか。

1.2 木材はどのようにして生産されるか

1.2.1 産業としての林業

前節より，日本の森林資源を利用することが，国内だけでなく海外の森林を守ることにもつながるということの一端が垣間見えたであろうか。そのためには，持続的な収穫が可能な伐採方法と，環境にインパクトを与えない木材の搬出方法が必要不可欠である。これは例えば伐採の際には残存木に傷を付けない，搬出の際には機械の走行によって必要以上に林地を踏み荒らさず，渓流に土砂を流さないといったことを指す。林業を，単に木を伐って運ぶだけの産業と考えるのは短絡的である。

わが国の森林は，その多くが足下の安定しない急傾斜地に成立している。そのような場所から木材という重量物を伐り倒し，運び出すところに日本林業の専門性がある。この林業を支えるのは，そこで働く人間であるが，林業の労働環境は過酷を極める。林業と他産業の労働災害発生率の推移を表す**図 1.7** を見れば，林業がいかに危険な産業であるかがわかる。しかしそこへ機械を導入することで労働負担を軽減し，生産性を高めコストを下げてきた。また，人間や機械が容易に目的地にアクセスできるように林道（forest road）をつくってきた。

林業には木を伐るだけでなく，造林作業や，下刈り，枝打ち，除伐といった保育の作業も含まれるが，本節では素材生産に焦点を当て，持続的林業に欠く

14　1. 森林からの素材生産

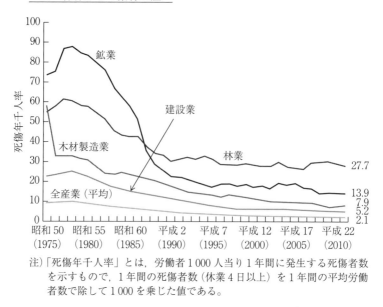

図1.7　林業と他産業の労働災害発生率の推移[6]

ことのできない林業機械と林道の役割について考えたい。

1.2.2　日本の林業機械化のはじまり

　第二次世界大戦後の復興期を迎え，素材生産が盛んになったことをきっかけに，わが国にも林業機械が導入された。多数の刃が付いた鎖（チェーン）を動力で回転させて鋸（ソー）のように木を切るチェーンソー（chainsaw）もその一つである。このチェーンソーによって，それまでは斧や鋸で行っていた木を伐り倒す作業を短時間のうちにできるようになり，生産性を飛躍的に向上させた。また，昭和29（1954）年に北海道で発生した大量の台風被害木を速やかに処理するために機械力が投入され，これが契機となって，木材を集める機械も普及した。このうち大規模作業が可能なものとしては，森林の上空にワイヤロープを張り巡らし，木材を集める集材機（yarder）が国有林を中心に活躍したほか，傾斜の緩やかな地域では材をけん引して集めるトラクタ（tractor）も導入が進んだ。農家が自分の持ち山の木を運び出すような小規模な場合は，幅

員の狭い簡易な道を開設し，そこを走行する搬出機械として林内作業車（mini-forwarder）が用いられた。

また，モータリゼーション（車社会化）の波は山村にも押し寄せ，森林鉄道の廃線跡を林道として整備し，トラック輸送により都市へ木材を供給することで，復興とその後の経済成長に湧く日本を支えていった。

1.2.3　作業用語と林業機械

素材生産は，大きく伐木（felling），造材（limbing and bucking），集材（yarding, skidding, または forwarding），運材（hauling）の四つの工程に分けることができる。ここではこの四つの用語と，各工程において国内・海外問わず一般的に使用される，おもに大型の林業機械を紹介したい。

〔1〕 **伐 木** 林内で立木を伐り倒す作業のことをいい，多くの場合

┌─ **ティータイム** ─┐

世界に誇る林業機械，チェーンソー

戦後わが国に導入された当初はアメリカ製のチェーンソーが大半を占めていたが，重量があり日本の傾斜地で使用するには難点があった。また林内では木を伐り倒すほか，枝を切り，幹を切断して丸太にする作業が行われていたため，360°どの向きでもエンジンを駆動できることが求められた。国内のメーカーは，チェーンソーのエンジンにダイヤフラム式気化器を導入することでこれを実現した。この機械開発には，戦時中には航空機の製造に携わった技術者が大きく貢献したといわれている。一方，チェーンソーが急速に普及する過程で，1970年代前半には長時間使用し続けることにより振動障害を起こし手がしびれ，やがて感覚がなくなり，ろうそくのように白くなってしまう「白ろう病」が林業労働者の間に広まり，社会問題となった。これに対して行政サイドからは，労働安全衛生法によりエンジンの振動加速度は3G（$29.4\,\mathrm{m/s^2}$）以下と定められたほか，操作時間を1日2時間以下，連続操作時間は長くても10分以内と制限された。開発サイドにおいても低振動・軽量化が継続的に進められたことでチェーンソーの性能は大幅に向上し，いまでは国内で20万台以上が使用されている[4]。次項で紹介する大型の林業機械は，わが国は多くを海外メーカーに依存しているが，国産チェーンソーは海外にも輸出されている。

16   1. 森林からの素材生産

チェーンソーが使用される。日本は森林の多くが急傾斜地にあるため，森林作業のなかで最も危険を伴うものであり，十分に安全を確保したうえで作業しなければならない。伐木作業に用いられる大型機械には，伐木機能のみを持つフェラーバンチャ（feller-buncher），伐木機能とつぎの造材機能を持つハーベスタ（harvester）がある。ともに林内に入り込み，立木を伐倒する機械であるが，わが国の場合，比較的傾斜の緩やかな北海道で多く使用されている。

〔2〕 **造　材**　　伐倒木（伐倒された立木）の枝を払う枝払い（limbing）と，これを利用する長さに丸太として切断する玉切り（bucking）を合わせた作業のことである。造材機能を持つ機械には前述のハーベスタのほか，枝払いと玉切りを行うプロセッサ（processor）がある。フェラーバンチャ，ハーベスタとともに作業の安全性の改善に大きく貢献した。

〔3〕 **集　材**　　伐採地に散在している伐倒木や造材された丸太を，林道端や林内の土場（作業や一時的な貯木を行うスペース）まで集積する作業である。集材方式は，どこで造材作業を行い，どのような形状で材を集めるかによって，林内で枝払いと玉切りを行い，短幹材を土場まで運び出す普通集材方式，林内で枝払いした全幹材を運び出し，土場で玉切りを行う全幹集材方式，伐倒木をそのまま土場まで運び出し，枝払いと玉切りを行う全木集材方式の3つに大別される。集材機械には，架線系機械のタワーヤーダ（tower yarder），車両系機械のスキッダ（skidder）とフォワーダ（forwarder）がある。

タワーヤーダは，鉄柱とワイヤロープを巻いた複数のドラムを装備し，架線集材（yarding）を行う。集材機と比較すると到達可能な距離は短いが，架設・撤去が容易で機動性が高いという利点があるため，間伐材の集材で活躍している。スキッダは木材を引きずって運ぶ（skidding）機械であり，ワイヤロープを用いて材をけん引するものをケーブルスキッダ，けん引用のグラップルを備えたものをグラップルスキッダという。フォワーダは，積み込み用のグラップルを備え，荷台に丸太を積載しながら集材する（forwarding）機械である。

〔4〕 **運　材**　　林道端や林内の土場まで集材された丸太を，貯木場や原木市場などへ運搬する作業をいう。ここで集材と運材を区別するためには，

1.2 木材はどのようにして生産されるか　　17

集材が「面」から「点」へ材を集めるのに対し，運材は「点」から「点」へ材を運ぶとイメージするとよい。日本では木材を積み込むグラップルやクレーンを備えたトラックで行われる一方，海外では大型トレーラによる運材が主流であり，鉄道を利用している国も多い。

1.2.4　伐出作業システム

　以上の四つの工程により素材生産を行う一連の作業を総称して伐出作業（logging operation）という。集材方式や作業工程，地形条件などの組み合わせにより，機械化された伐出作業システムはいくつかのパターンに分類できる。ここでは，林業の盛んな国々のシステムを紹介して素材生産のイメージを容易にするとともに，日本の林業機械化の現状を見てみたい。

　〔1〕　北米方式　　アメリカとカナダでおもに採用されている作業システムで，フェラーバンチャ（**図1.8**）による伐木の後，グラップルスキッダ（**図1.9**）が全木集材を行う。林道脇の土場で枝払いされた長い状態の全幹材を大型トレーラで運材する方式が一般的である。カリフォルニア州では，製材工場での加工の効率化のために，林道端土場にプロセッサ（**図1.10**）を導入し，枝払いとともに40フィート（約12 m）の長さに玉切りした材を運材する現場が多い。

　〔2〕　北欧方式　　スウェーデンとフィンランドで発展したこの方式は，ハーベスタ（**図1.11**）による伐木・造材とフォワーダ（**図1.12**）による集材でシステムが構成される。現在はGPS（global positioning system；全地球測位システム），GIS（geographic information system；地理情報システム）などの情報技術を駆使して，製材工場がどの長さの丸太を必要としているかをハーベスタのオペレータと通信し，丸太の流通を最適化させている。

　〔3〕　オーストリアの伐出作業システム　　オーストリアの山岳地では，伐木作業はチェーンソーで行い，タワーヤーダで林道脇へ全木集材した後，プロセッサで造材するのが一般的である。近年では両者を組み合わせたコンビマシン（**図1.13**）が普及し，1台の機械で集材と造材の二つの作業を効率的に行っ

18　1. 森林からの素材生産

図1.8　フェラーバンチャ

図1.9　グラップルスキッダ

図1.10　プロセッサ

図1.11　ハーベスタ

図1.12　フォワーダ

図1.13　タワーヤーダとプロセッサのコンビマシン

ている。

〔4〕 **日本の林業機械化の現状**　先に紹介した6種の大型林業機械（フェラーバンチャ，ハーベスタ，プロセッサ，タワーヤーダ，スキッダ，フォワーダ）を高性能林業機械と称し，時代が平成に入る頃よりその導入がはじまった。これによって林業の労働生産性は向上し，平成23（2011）年度末時点で5 000台以上が保有されているが，普及台数はプロセッサが最も多く，フォワーダがそれに続く[6]。また造材と集材の労働負荷は改善されたものの，伐木はチェーンソーで行わざるを得ず，依然として伐木作業時の死傷災害が多発しており，死傷年千人率で見て全産業平均の10倍以上の労働災害発生率となっている（図1.7参照）。

ここで，わが国における典型的な機械化伐出作業システムの一例を**図1.14**に示す。地形が急峻であるという共通点からオーストリアのシステムに近いが，林道の不足分を一時的に開設した簡易な道とされる作業道（operation road）で補い，フォワーダで搬出する形が多くとられている。プロセッサは，架線系集材機械による全木集材との組み合わせが日本の地形条件によく適合したことから，全国各地で導入が進んでいる。

なお，タワーヤーダの鉄柱を建設機械のアームで代用したものをスイングヤーダ（swing yarder）（**図1.15**）といい，集材作業を行うほか，アームの先

図1.14　わが国における典型的な機械化伐出作業システムの一例

1. 森林からの素材生産

図1.15 スイングヤーダ

――― ティータイム ―――

なにがなんでも高性能林業機械を導入すればよいのか

　高性能林業機械のような生産性の高い機械は，一般的に高額である。これを導入すべきかどうかを判断する基本的な考え方の一つに，損益分岐点理論がある（図）。チェーンソーや林内作業車といった在来型林業機械が中心の小規模システムは，初期投資（グラフの y 切片）は小さいが単位材積当りの素材生産費（グラフの傾き）が大きい。一方，高性能林業機械中心の大規模システムの場合，初期投資が大きいが単位材積当りの素材生産費は小さい。図からいえることは，大規模システムを採用しても，年間事業量すなわち1年間の素材生産量を確保できなければ，結果的に年間の総事業費が小規模システムより高くついてしまうということである。実際，わが国では高性能林業機械の多くが補助金をもとに導入されたが，まとまった事業量を確保できず，機械の稼働率が上がらない結果，宝の持ち腐れとなってしまっているケースも少なくない。

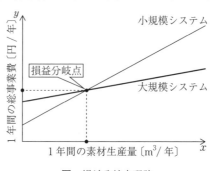

図　損益分岐点理論

端のアタッチメントを交換することで木材の積み込み，林道工事など幅広い用途に対応できるため，平成11（1999）年度から高性能林業機械として統計がとられるようになり，急速に普及台数を伸ばしている。

つぎに，素材生産の労働生産性（一人1日当りの素材生産量）と生産費について，日本とスウェーデン，オーストリアを比較してみよう（**表1.2**）。日本と他の2か国との間で表に示すような大きな差が生じた要因として，まずスウェーデンは緩やかな地形に恵まれ，農業と同じような感覚で林業が営まれていることが挙げられる。またオーストリアの場合は，木材価格が比較的高かった1960年代から路網（林道，作業道などからなる道路のネットワーク）への投資が重点的に行われたこと，その後，材価が低迷し人件費が上昇するなか，機械化による生産性の向上を実現したことなどが考えられる。

このうち路網についてもう少し詳しく見ると，1 ha当りの道路延長を意味する林内路網密度は，日本の17 m/ha（林道など13 m/ha，作業道など4 m/

表1.2 労働生産性と生産費の諸外国との比較[8]

国　名	労働生産性〔m^3/（人・日）〕	生産費〔円/m^3〕
日　本	主伐：4.00 間伐：3.45	主伐：6 342 間伐：9 333
スウェーデン	30	主伐：1 300 間伐：2 400
オーストリア	7～43	3 200～5 500

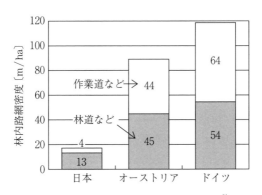

図1.16 林内路網密度の諸外国との比較[9]

ha）に対し，オーストリアは 89 m/ha（45 m/ha，44 m/ha）である（図1.16）。機械が現場まで入っていくことのできる道路の整備がいかに大切かということの一端を如実に示した指標といえる。

1.2.5　森林の基盤整備 ― 林道と作業道 ―

〔1〕林　　　道　　国土交通省の管轄外という点において一般の道路と異なり，国有林の林道は林野庁，民有林の林道は都道府県や市町村，森林組合などの森林に関連する部署によりそれぞれ管理されている。林道の構造基準は「林道規程」に定められている。国有林林道はこれに基づいて設計され，民有林林道でも国庫や都道府県の補助や融資を受ける場合には，この規程に従う必要がある。

旧「林業基本計画」において林道は，林野の林業的利用の高度化に必要な林業生産基盤と位置付けられ，オーストリアと同じく長期的な計画の下でその建設が進められてきた。しかし自然保護に対する関心の高まりのなか，環境破壊として批判の矢面に立たされ，やがて林業が低迷期に突入し，税金の無駄遣いといわれるようになっていった。挙句の果てには公共事業が全般的に好意的な目では見られなくなり，大規模林道（図1.17）にいたっては無用の長物扱いされるようにさえなってしまった。

図 1.17　大規模林道

もともと林道は林業のための道路として，建設費用とそれによって得られる費用削減効果を最適化する「コストミニマム方式」の考え方に基づいて計画されてきた。それが平成13（2001）年に閣議決定された「森林・林業基本計画」において，森林の適正な整備の推進（森林の有する多面的機能の発揮）と，その開設目的が見直された。必要な林道の量についても，オーストリアを中心とする中欧で発展した「距離基準方式」という，計画されている森林施業を実施するためには，物理的にどの程度の路網整備を行うべきかを算出する方式に変更された。林道の役割は，森林を健全に育成・管理していくためのものへと変わったのである。森林・林業基本計画における，距離基準方式に基づいた40年後の林道の整備目標は当初27万kmとされた。しかし公共事業を敵視し，事業仕分けまで実行した民主党政権下で改定された数値は，なんと36万kmに増やされている。林道建設は未来への投資であるということが，再認識されつつあることがうかがえる。

図1.17に示した林道は，一般の道路と同じくガードレールがあり，また状況に応じて標識やカーブミラーも付けなければならない。林道は傾斜地につくられる。そのため，一般的には地山から切り土して，その土を盛り土する工法が採用される。わが国の森林の急傾斜地に林道を建設する場合，削ったり盛ったりする土の量が多くなってしまう分，費用も掛かる。土を盛ることで対処できない場所には，コンクリート擁壁が必要となる。法面（削られた斜面）は，降雨時に土壌が侵食されないよう緑化しなければならない。雨水を溜め込まないで上手に排水するためには，側溝や横断溝をつくる必要がある。結果として大掛かりな土木工事となってしまい，林道をたった1m建設するのに数万円では収まらなくなってしまっているのが現状である。平成23（2011）年度末時点の総延長は，約13万7000kmにとどまっている[1]。

〔**2**〕**作　業　道**　森林に自動車で到達するための幹線として林道が開設される。しかしそこから先，森林内全般にわたって高単価，高規格の道を張り巡らすのは現実的ではなく，実際には作業用に低コストで幅員が小さく土工量が少ない，そして自動車は走行できずとも林業機械が使える簡単な道がつくら

れる。それが作業道である（**図1.18**）。図のように，森林をあまり伐り開かなくて済む。作業道は，林業の現場において必要に応じて技術者の知恵でつくられたものである。その配置や工法には，自然環境にも十分に配慮した高度な技術が隠されている。支線である作業道を上手に林道とつないでネットワークを形成させるとともに，高性能林業機械を導入することによって，素材生産の低コスト化を実現している林業事業体が，わが国にも多く存在する。

図1.18 作業道

　林内路網密度に関する図1.16のグラフに示した作業道以外にも，統計には上がってこないものが日本にはたくさんある。行政が示す数値は，補助金の支給などの関係で把握しているものにすぎない一方，作業道は所有者の意向や作業時の利便性を考慮してつくられることが多いのがその理由である。丸太を積載しながら集材するフォワーダの普及が進んでいることや，小規模林業で従来使用されてきた搬出機械である林内作業車の保有台数がいまでも1万台を超えている[4]ことからも，作業道が活用されている姿が想像できよう。わが国の森林の基盤整備は，統計に表れる数値よりも実際は進んでいる。

　ただし，現場の都合でつくられる作業道にも問題はある。まず，林道は自然災害による被災時に，国庫や地方自治体による災害復旧補助があるが，作業道にはそのような補助はない。おもな理由には，作業道は受益者側の事業性が高

く，全国一律の林道規程の制限を受けないということが挙げられる．つぎに，これまでは作業道に関する規格や構造上の明確な基準がなかったため，技術や経験のない新規参入者がつくった作業道が，降雨時に崩壊し，土砂災害の発端となってしまうようなことも少なからずあった．また明確な基準がなかったことにより，作業道と呼ばれるものには，小型の林業機械の利用のみを念頭に置いたものから運材用トラックが通行できるものまでが含まれ，使用期間も一時

・ティータイム・

費用対効果を考えて林道をつくる

　林道建設コストは高い．しかし，林道を開設することで集材距離が減少し，集材コストを低減できる．このとき林道建設コストと集材コストの和を最小にする林道間隔を求める考え方が，マチュース (Matthews) の最適林道間隔理論 (**図**) であり，コストミニマム方式の礎となった．これは，森林に面した公道に直交する林道をどの程度の間隔でつくればよいかというシンプルなモデルに基づくもので，あまり現実的とはいえない．しかし，旧林業基本計画では，マチュース理論を発展させた，林道開設費と集材費に歩行費（林道があることにより現場までたどり着く時間を節約できる）を加えた総費用を最小にする林道密度に基づいて林道の建設が計画されてきた．本文で述べたように林業のための林道から森林管理のための林道へとその位置付けが変わり，林道密度計画はコストミニマム方式から距離基準方式へと変更されたが，費用対効果を考慮して林道を計画・建設していくべきことに変わりはない．

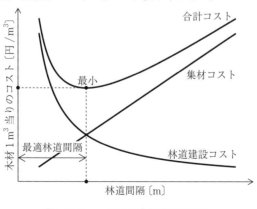

図 マチュースの最適林道間隔理論

的なものから長期まであり得る。さらにはブルドーザで踏み固めただけの集材路というものも存在する。このように道づくりがバラバラに行われてきたことは，例えば作業の効率化のために，地域において共同で大型機械を導入して集約的な素材生産を実行しようとした場合，Aさんの山で使えていた機械がBさんの作業道を走行できない，というような事態を招くことにもつながりかねない。

1.3 人工林資源の成熟化に向けて

1.3.1 日本の木が大きくなっている

前節で示した日本とオーストリアの労働生産性の違いの要因として，じつはもう一点，オーストリアは森林の蓄積が大きかったことを挙げておきたい。裏を返せば，日本は木が十分に大きくないという状況のなかで国際競争を強いられ，国産材のシェアが失われていったともいえよう。しかし最新のデータを見ると，わが国の人工林の蓄積 30 億 4 200 万 m^3（図 1.3 参照）と面積 1 029 万 ha（図 1.1 参照）より求まる 1 ha 当りの蓄積は 296 m^3/ha となり，オーストリアの 325 m^3/ha[10] に近づきつつあることがわかる。

造材機能を持つプロセッサとハーベスタは，1 本の木から丸太をつくる速度がほぼ一定であることから，大きな木を処理することによって生産性が上がることが期待できる。その点では，人工林の成熟は機械化林業にとって好材料である。ただし，喜んでばかりいられる状況でもない。高性能林業機械の導入初期から北海道で普及が進んでいた伐木機能を持つフェラーバンチャとハーベスタは，木が大きくなるにつれて安全に木を伐り倒すことができなくなり，現在ではその作業をチェーンソーで行っている現場が多い。また，既存の建設機械を用いることでタワーヤーダよりも低コストで導入できるためわが国に広く普及したスイングヤーダは，タワーヤーダに比べて非力なこと，転倒の危険が高いことから，これから日本の木が大きくなっていくなかで，スイングヤーダでどこまで効率よく安全に集材できるかについては未知数の部分も大きい。

1.3 人工林資源の成熟化に向けて　27

この機械の問題のほか，本章でこれまで指摘してきたわが国の林業が抱える課題に対しては，第4章で解説する「森林・林業再生プラン」のなかで検討され，いずれも政策的な観点から対策が立てられている。今後人工林資源が成熟化していく過程で，これらの対策が有機的に結び付き，効果を発揮することが，日本の森林資源の有効利用へとつながる（はずである）。本節では，その実現に向けた現場レベルの取り組みを紹介したい。

1.3.2　境界明確化と施業の集約化

拡大造林により造成されたわが国の人工林は，当初は50～60年での主伐が想定されていたが，間伐などの手入れが行き届かない森林が増え，その結果伐採のサイクルを長くとる，いわゆる長伐期施業が採用されるようになった。一方政策面では，新たに設けられた「森林環境保全直接支援事業」により，間伐作業に対して補助金を受けるには，5 ha 以上の面的なまとまりを確保するとともに，1 ha 当り 10 m^3 以上の間伐材を搬出しなければならなくなった。つまり，木材としての本格的な利用が可能となる50年生以上の人工林が5割を超す時代を迎えてもなお，引き続き間伐を行い，その材を搬出することが求められているのである。

零細な所有形態が維持され，かつ自分の山がどこにあるかわからない所有者が増えるなか，まとまった事業量を確保していくにはどうすればよいのだろうか。GPS，GIS といった情報技術の発展がそのカギを握っている。ここで示す事例は，一森林組合の先進的な取り組みが，全国へと広がりを見せているものである。

〔1〕　**境界明確化**　森林組合（forest owners' co-operative association）は，森林所有者が組合員となって組織される協同組合である。組合員の所有する森林がどこにあるのかを調査することも森林組合の業務の一つであり，従来は測量器械を担いで山に入り，傾斜地に三脚を設置して境界杭の測量を行っていた。これが林内のような閉鎖空間での GPS の測位精度が向上したことにより，作業が大幅にスピードアップし，またその情報を GIS で一元的に管理で

きるようになった。いま全国各地の森林組合で，境界明確化のための GPS 測量が行われている。

〔2〕 **施業の集約化**　森林組合は，造林・保育や素材生産を担当する「作業班」を設置し，組合員に代わって森林の手入れを行っている。多くの組合が高性能林業機械を保有しているが，先に述べたとおり，機械を有効活用するためにはまとまった事業量が必要となる。ところが所有形態が零細なわが国では，5 ha という面積の森林が 1 人の所有者に収まることは少なく，今後補助金を受けるべくそれだけの面積を確保するためには，複数の所有者の同意をまとめていく必要がある。しかしこれまで，例えば C さんの了解を得ても D さんが拒否してしまったばかりに作業道すら入れられない，という問題がたびたび発生してきた。一方林業が低迷するなか，収益が上がらなくても，費用負担がなければ自分の山の手入れをしたいと考える所有者が多い[11]のもまた事実である。

そこで，組合の職員が所有者のもとを訪れ，具体的に収支を示しながら，所有者一人ずつから間伐の委託の同意を得て，まとまった事業量を確保していく動きが広まっている。これを施業の集約化という。その職員には，測量によって得られた境界や地形などの情報をもとにした作業道の設計や間伐計画の立案，事業収支の見積もり，古い考えを持つことも少なくない森林所有者への説明・説得（視覚的な表示が可能な GIS はその貢献度が大きい）などの幅広い技量が求められる。施業の集約化を推進する人材を養成し，「森林施業プランナー」として認定するという国の支援も得られている。

1.3.3　路網と作業システムの一体化

これから日本の木が大きくなっていくなかで，どのようなスペックを備えた機械を用いて伐採・搬出をしていくのか，そしてそれを支える路網をどこまで整備していくのか，路網と作業システムを一体化してとらえた，しっかりした展望が必要であることはいうまでもない。

〔1〕 **タワーヤーダを見直す動き**　伐出作業システムを機械のつながりと

して見たとき，一つの機械だけが能率が高くても，そのスピードにほかの機械がついていけなければ，能率の高い機械に待ち時間が発生してしまい，システム全体としては平凡なものとなってしまう。日本の典型的な作業システムを図1.14 に例示したが，この作業工程のなかで架線集材の生産性が造材や搬出に比べて低いといわれている。架線系集材機械に求められる能力は，搬器で何本の木を引っ張ることができるか（パワー）ということと，搬器がどの程度の速さで移動できるか（スピード）ということである。スイングヤーダは，ベースマシンの建設機械がもともと林業専用にはつくられていないため，パワーとスピードの点でタワーヤーダに劣る。それでも急速に普及した背景には，わが国には世界的な建設機械メーカーがいくつもあり，大小さまざまなタイプの機種を展開しており，国内の小規模な素材生産のニーズにも柔軟に対応できたということが考えられる。

しかし近年，集材工程の効率を改善すべく，オーストリアからタワーヤーダ（**図 1.19**）や，搬器自体にエンジンを搭載した自走式搬器を導入する動きがある。国も，森林・林業再生プラン実践事業においてタワーヤーダの活用を積極的に検討している[12]が，そこでは作業道に頼らず，運材用のトラックが走行可能な，恒久使用を念頭に置いた基幹道上での作業が想定されている。タワーヤーダ自体も作業時に大きな荷重がかかるため，地盤のしっかりした路上に据

図 1.19　オーストリアから導入されたタワーヤーダ

え付ける必要がある。さらに，森林・林業再生プラン下に設置された「国産材の加工・流通・利用検討委員会」からは，流通の効率化のために，大型の輸送機械が林内まで進入できるような基盤整備が求められる[13]など，明確な基準なしにつくられてきた作業道のあり方を見直す必要性が高まっていた。

〔2〕 **林業専用道と森林作業道** これまでは作業道には，トラックが走行可能なもの，場合によっては林道よりもつくりのしっかりしたものから，林業機械が一時的に使用するだけの簡易なものまで多種多様な道が含まれ，このことが問題を生み出していた。しかし上述の背景もふまえ，従来作業道とされていた道を，10トン積程度のトラックなどの一般車両が走行可能なものと，林業機械の使用を想定したものとに分けて考え，行政的には前者を「林業専用道」，後者を「森林作業道」と区分されることとなった。

林業専用道は，主として特定の者が森林施業のために利用する恒久的公共施設と位置づけられ，建設にあたっては林道規程に準拠するものとされた。そしてそれはタワーヤーダなどの大型林業機械の作業や運材用トラックの走行に応じた必要最小限の規格・構造を持つ。さらに，幹線となる林道を補完し，森林施業の用に供する道であり，つぎに述べる森林作業道の機能を運材の面から強化するものである。

森林作業道は，集材などのためにより高密度な配置が必要となる道であり，地形に沿うことで作設費用を抑えて経済性を確保しながら，繰り返しの使用に耐えるよう丈夫で簡易なものであることが必要とされる。林野庁は，道づくりがバラバラに行われてきたことに対処するために「森林作業道作設指針」を制定し，専門的かつ高度な知識・技術を持つ「森林作業道作設オペレーター」を養成していくこととなった。構造物をできるだけ設置せずに道づくりをするためには，それぞれの地域の地形や地質，気象条件に留意する必要があることから，各地で研修会が開催されている。研修会は基本的に各都道府県の主催で行われるが，その内容には，篤林家と呼ばれる，その土地土地で代々引き継いできた山において自ら木を育て，伐採・搬出し，理想の木材を生産している方々の経験と知恵が活かされていることが多い。

1.4 木材利用

　日本の森林の保全と有効活用を考える上で，重要となるのが，木材やバイオマスとしての利用である。もともと林業は，森林を活用し，建築用材などの木材や薪炭などの木質バイオマスを得ることを目的とした産業である。

　近年，地球温暖化が問題になっているが，これは化石燃料の消費による二酸化炭素の放出・増加が原因とされている。そうであるなら，大気中の二酸化炭素を産業革命前のレベルに近付けることが望ましいと考える。その鍵を握るのが木材の利用である。そこで，木材の利用の意義について紹介する。

1.4.1　木材の構成と木化

　木材（全乾基準）の元素組成は，炭素約50%，水素約6%，酸素約44%であり，そのほかはごくわずかで，窒素0.05〜0.4%と灰分0.1〜1.0%となっている[14]。一方，木材以外では，例えばケンタッキーブルーグラス約46%，ジャイアントケルプ約28%，ホテイアオイ約41%[15]となっており，木材より低い値となっている。

　さらに木材は，他の植物よりも強度を有し，また分解され（腐れ）にくい。このことが木材を建築物などの材料としての使用を可能にしている。

　これらの性質は，木材が木化していることと関係している。木化とは，植物が細胞壁にリグニンを沈着させ，木材のように強固になることで，英訳するとlignification（「リグニンの定着」という意味）となる。木材や草本類の植物体を形成している細胞壁の主要成分は，セルロース，ヘミセルロースやペクチンなどの多糖類，リグニンである[14,17,18]。木材におけるこれらの含有率は，樹種，とりわけ針葉樹と広葉樹で多少異なるが，おおよそ，セルロース50%，ヘミセルロース20〜30%，リグニン30〜20%で，このほかに0.5〜5%の副成分（抽出成分，灰分など）となっている[14]。これに対し，草本ではリグニンは少なく，バミューダグラスでは4.1%[15]となっている。

32   1. 森林からの素材生産

　ここで，これらの主要成分における炭素含有率を示すと，セルロース44.4
％，ヘミセルロース約45.7％，リグニン約64.7％[19]であり，多糖類は50％以
下であるのに対し，リグニンの構成要素であるフェニルプロパンは，炭素間の
二重結合などにより60％以上あり，リグニンによって炭素含有率が高くなっ

◆ ティータイム ◆

樹木の成長

　以前，筆者はテレビで，樹が成長しながら車を持ち上げた映像や，ドラマの
トリックで若くまだ背の低い樹に取り付けた仕掛けが，樹の成長とともに高い
位置に持ち上がった場面を目にしたことがある。しかし，実際の樹では，この
ようなことはあり得ない。

　樹木の成長には伸長成長と肥大成長がある[20]。高くなる成長と太くなる成
長で，これらは仕組みが異なる。

　樹木の成長はまず，先端の成長点（頂端分裂組織）が下に新しい細胞を押し
出しながら自分自身を押し上げる。新しくつくられた細胞は分化が起こり，髄
と皮層へ，さらにその間に一次木部（内側）と師部，さらにまたその間に二次
木部と師部（外側）が形成される。そして木部と師部の間で細胞分裂により新
しい細胞をつくり出すのが（維管束）形成層である。

　肥大成長はこの形成層によってもたらされる。形成層は横方向に分裂し，内
側に（二次）木部をつくり，形成層は外側に押し出される。その際，季節によ
り成長や組織構造が変化することで刻まれるのが年輪である。そしてこの二次
木部が木化することで木材となる。

　仮に幹を傷つけ，形成層の細胞が壊されたとしたら，その放射方向で同じ高
さの外側にしばらく傷跡が残る。しかし，生き残っている周りの形成層がその
傷を覆うように巻き込んで，やがてはつながって外見からはわからなくなる。
折れた枝も同様に巻き込んでしまうので，死節（しにぶし）は外側からわから
ないことも多い。

　もし本当に木が車を持ち上げるとしたら，二股の部分が太くなる際と考えら
れるが，それよりも重さに耐えられずに，そのままで車を巻き込んで太くなる
と思われる。

　なお，竹は筍にも見られる節の間が広がる（伸びる）ことで高くなる。樹木
とは異なり，肥大成長もなく，二次木部の形成はない。ヤシもまた高くなる
が，二次木部は形成されず木材とはならない。

ているのである。この木化が，草本と異なる木材としての性質となる，細胞壁の強度の増大と，ポリフェノールとしての特性から耐朽性に寄与している[21]。

1.4.2　材料としての優位性

木材は，人類の生活において，材料から燃料までさまざまな用途に用いられてきた。特に材料として利用できるのは，樹木が陸上で巨大な形態を保つため，細胞壁が肥厚するとともに，リグニンの沈着による木化した構造により，繊維（樹高）方向に強いということによる。また，鉱物資源などと比べ，そのまま利用できる，適度に柔らかく加工しやすいなどの点が，産業の発達する以前から利用されてきた所以であろう。

材料として使うに当たり，木材は鉄などに比べて強度が低い印象を持たれているかもしれない。実際，同じ体積であれば，木材の強度は金属やコンクリートの強度より低い。しかし，重量を考慮するとどうか。**表 1.3** に重量当りの強度を表す比強度を示す[22]。比強度は，アルミニウムの圧縮強度を除き，木材のほうが高い値を示している。すなわち，木材は軽い割に強いといえる。軽いということは，取り扱いや輸送に伴うエネルギーが少なくて済むという利点にもつながる。

表 1.3　比圧縮強度と比引張強度の材料別比較[22]

材　料	比　重	比引張強度	比圧縮強度
ス　ギ	0.33	1 697	848
アカマツ	0.51	2 549	804
鋼　材	7.8	525 ～ 666	525 ～ 666
アルミニウム	2.7	1 182	1 182
コンクリート	2.5	7.2	72

注：比強度〔kgf/cm^2〕＝強度／比重

さらに木材は，加工に要するエネルギーが小さく，製造に伴う二酸化炭素の放出量が小さい。**表 1.4** に材料としての製造時における消費エネルギーと炭素放出量および炭素収支（固定された炭素と加工などにより二酸化炭素として

34　　1.　森林からの素材生産

表 1.4　製造時の消費エネルギーと炭素放出量及び炭素収支[23, 24]

材　料	製造時消費エネルギー		製造時炭素放出量		製品中の炭素貯蔵量	炭素収支
	〔MJ/トン〕	〔MJ/m³〕	〔kg-C/トン〕	〔kg-C/m³〕	〔kg-C/トン〕	〔kg-C/トン〕
天然乾燥材	1 540	770	32	16	500	−468
人工乾燥材	6 420	3 210	201	100	500	−299
合　板	12 580	6 910	283	156	451	−168
パーティクルボード	16 320	10 610	345	224	400	−55
鋼　材	35 000	266 000	700	5 320	0	700
アルミニウム	435 000	1 100 000	8 700	22 000	0	8 700
コンクリート	2 000	4 800	50	120	0	50

放出される炭素の収支)[23, 24]を示す。コンクリートを除き，木質材料は製造エネルギーが小さいことがわかる。またコンクリートも，比強度を考慮すると，同じ強度の構造物を製造する場合，人工乾燥材のほうが低い値となる（さらに鉄筋コンクリート，鉄骨コンクリートでは鋼材製造時の影響が加わる）。

　加えて，先にも述べたように木材は重量の半分が炭素であり，木材として利用している間は，炭素を固定している。そのため，炭素収支はマイナスを示し，炭素を固定していることを表している。製造時の炭素放出が多いパーティクルボードであっても，自らが固定している炭素量より低く，収支としてはマイナスである。一方，木質材料以外は固定している炭素がないため，一方的な炭素放出となり，収支はプラスとなっている。

　また木材は，地場の原料を用いて消費地の近くで生産できる場合も多く，いわゆる地材地消が可能な資源である。加えて，軽いことは輸送や施工などに要するエネルギー消費も低く，環境に優しい材料といえる。

　さらに，リサイクル方法として，パーティクルボードやパルプの材料とすることに加え，燃料利用も可能である。仮に廃棄する場合においても，生分解性があるとともに，焼却処分をしても有害物質の発生は少ない[†]。

　これらの点から，木材は環境負荷が少ない材料，すなわちエコマテリアルと

[†]　ただし，二酸化炭素は生じる。

いわれている[26]。ただし，現状は輸入材の利用が多く，日本の森林の有効活用が期待されるところである。

ティータイム

針葉樹と広葉樹

　木材は大きく二つに分けられる。針葉樹（softwood）と広葉樹（hardwood）である。植物学上は，前者が裸子植物であるのに対し，後者は被子植物である。大きな平たい葉を持つ銀杏も裸子植物で，構造も針葉樹に似ており，便宜的に針葉樹として扱われる[20]。

　英語で表されるように，概して，広葉樹より針葉樹のほうが柔らかく，密度が低い。しかし，バルサや桐のように軽く，柔らかい広葉樹もある。

　針葉樹の構造は，仮道管と呼ばれる，水の通導を行う組織が90%以上を占めている。仮道管は樹木の上下方向に長く，樹体を支える役目を果たしている。そのつぎに，放射組織が多い。

　一方，広葉樹は針葉樹より進化が進み，構成細胞の種類も多い。水の通導は道管で行うのに対し，樹体を支える役目は主に繊維（真正木繊維，繊維状仮道管など）が受け持つ。ほかに，針葉樹同様に放射組織と，針葉樹には少ない（持たないものもある）柔組織を持つ。放射組織や柔組織は栄養などの貯蔵や配分に関与する。

　広葉樹材は，年輪内の道管の配置によって，環孔材（ring-porous wood），散孔材（diffuse porous wood）などと呼ばれる。環孔材は，ナラ材やタモ材のように，比較的大きい道管が年輪に沿って並んでいる。一方，散孔材は特徴的な配列型式を持たないで道管が散在している。英語にはないが，ほかに放射孔材，接線状孔材，紋様孔材と呼ばれる道管配列を持つものもある。

　針葉樹と広葉樹の違いは組織構造以外に，成分組成が挙げられる。針葉樹はリグニンが多く，ヘミセルロースが少ない（広葉樹は逆）傾向にある。さらに，リグニンを構成するフェニルプロパン基本骨格にも違いがある。針葉樹はグアイアシル核が主であるのに対し，広葉樹はグアイアシル核とシリンギル核が主となっている[16]。この違いのため，モイレ呈色反応を用いると，広葉樹は赤紫色を示すのに対し，針葉樹は黄褐色となる[14]。これらの違いにより，一般的に針葉樹は広葉樹よりも分解しにくい（生物および化学的）。

　なお，ササなどのイネ科植物は主としてp-ヒドロキシフェニル核からなる。

1.4.3 樹木から木材へ ― 乾燥の必要性 ―

木材として利用される前の樹木は，多くの水を含んでいる。その一部は，生きている細胞内の原形質や，生理活動に必要なものとして水分通導に携わる細胞にある。なお，樹木は大きな形態をしているが，その全体が生きているわけではない。

樹木の成長のうち，太くなることを意味する肥大成長は，樹皮のすぐ下の形成層において内側に向かって新たな細胞（木部）をつくり，このことによって樹木は太くなる。それらの細胞には，水分通導に携わるものや，栄養を蓄えるものなどがある。そこでは生理的活動を行っており，辺材と呼ばれる。このうち，水分通導のためにつくられた細胞（針葉樹は仮道管，広葉樹は道管要素）は成熟した段階で死に，水の通導を始める。通導機能は辺材の外側が最も活発で，内側に向かって水がなくなって空洞化し，通導の役目を終えたものが見ら

・ティータイム・

未成熟材と成熟材

人工林材を利用するうえで，注意を必要とするのが未成熟材である。

未成熟材とは，髄（樹心）に近い数年輪が，その外側と比較して，細胞の長さが短く，さらに細胞壁を構成する繊維（ミクロフィブリル）の傾角も大きい[20]。また，一部の針葉樹は仮道管の角度も大きい。そのため，材の性質が異なり，樹種によっては強度が弱い，ねじれやすいという欠点となる場合もある。

面白いことに，この未成熟材は樹齢とは関係なく，樹齢としては十分成長し，地面付近で成熟材が形成されていても，先端付近，すなわち，年輪数の少ない部分ではまだ未成熟材が形成されている。これは先に述べた樹木の成長過程において，形成層が若いことからきている[20]。

天然林材の場合，若いころは日当たりが悪く，成長が遅いことで，未成熟材の割合が低くなる。しかし人工林材の場合，初期成長が早く，樹心付近の年輪幅が大きくなり，未成熟材の割合も高くなる。

成長の良いラジアータパイン（ニュージーランドやチリ産人工林材）は，JASにおいて，構造用には未成熟材と考えられる髄からの5cm以内を認めない規格となっている[25]。

れるようになる[27]。空洞化とはいえ，木材には親水性があり[26]，比較的濡れやすく，自由水（p.39 のティータイム「木材中の水，自由水・結合水，繊維飽和点」を参照）が完全になくなるわけではない。

栄養を蓄えるなどの役割をする細胞も，肥大成長とともに中心部から徐々に死んでいく（生理活動を停止する）。その中心部分を心材と呼び，樹種によっては独特な色を有する。

なお，樹木を伐採した直後の木材を生材（なまざい）と呼ぶが，**表1.5** に辺材，心材の生材含水率を示す[28]。上記の説明から考えると，辺材の含水率のほうが高いと思われるが，心材に何らかの要因で水が留まる「水食い」や「多湿心材」が存在し，心材の含水率が高いものもある。

表1.5 日本産樹種の生材含水率[28]

樹 種 （針葉樹）	含水率〔%〕		樹 種 （広葉樹 散孔材）	含水率〔%〕		樹 種 （広葉樹 環孔材）	含水率〔%〕	
	辺 材	心 材		辺 材	心 材		辺 材	心 材
ス ギ	159	55	ドロノキ	84	165	ハリギリ	102	77
ヒノキ	153	34	ウダイカンバ	77	65	ミズナラ	79	72
トドマツ	219	82	ホオノキ	93	52	ヤチダモ	53	101
カラマツ	151	43	カツラ	123	76	アオダモ	45	49
エゾマツ	169	41	シナノキ	92	108	ハルニレ	73	112

注）含水率は乾燥重量基準（p.38 のティータイム「含水率」を参照）

先に木材は軽い割に強いと紹介したが，樹木を伐採した状態の生材では，重く，また強度の多くは繊維飽和点（p.39 のティータイムを参照）以下で含水率の減少とともに増加するものが多い[18]ことから，重い上に弱い状態にある。また，木材は温・湿度条件に応じた含水率（常温・常圧では繊維飽和点以下[14]）に変化するが，繊維飽和点以下の変化は収縮・膨潤を引き起こす。その際，放射（柾目（まさめ））方向，接線（板目（いため））方向，繊維（長さ）方向に差があり（収縮異方性），幅反りなどの狂いの原因となる。そのため，木材として利用するには使用環境に応じた含水率まで乾燥させる必要がある。

また，木材の欠点の一つとして，腐ること（腐朽）が挙げられる。しかし腐

38　　1.　森林からの素材生産

るという現象は，菌が木材を栄養として分解することであり，菌の活動の必要条件には，空気（酸素），水分，温度がある。このうち水分は，菌が自由に使える状態のものでなければならない。繊維飽和点以下では，菌が活動できず，腐朽は起こらない[29]。実際，法隆寺や東大寺正倉院は千数百年も前の木造建築だが，乾燥状態を保つことで現存していることからも，おわかりいただけるであろう。なお，これとは逆に，水が満ちている状態もまた，酸素が少ないことから，腐りにくい[30]。

　木材の乾燥は伐採した段階から始まるが，丸太の状態では収縮異方性により割れが生じることから，腐れ防止も兼ね水中貯木や散水が行われる。

　木材を利用する場合，多くは鋸(のこ)を使って製材され，必要に応じてさらに加工される。その際，製材された木材は放置することでも乾燥が進むが，速やかにかつ狂いや割れを極力少なくするため，天然乾燥（air drying）や人工乾燥（kiln drying）が行われる。天然乾燥は，人為的に熱を加えることはないが，

◆━ ティータイム ━◆

含水率

　木材中に含まれる水の量を表す場合，全乾重量に対する（ドライベース）水の重量の比を表す含水率が用いられる。全乾重量（水分を含まない状態の重量）は，105℃で，重量の変化がなくなるまで乾燥させた状態の値を用いる。木材の重量に基づき算出されるため，含水率が100%以上を示すことも珍しくない。

　なお，混同を避けるためウェットベースを水分率とすると，含水率を水分率に変換する場合

$$水分率 = \frac{含水率}{100 + 含水率} \times 100 \quad 〔\%〕$$

となり，逆は

$$含水率 = \frac{水分率}{100 - 水分率} \times 100 \quad 〔\%〕$$

となる[30]。

　含水率の変化は収縮や強度などの性質の多くが直線的に変化するため，予測が容易となる。

図1.20のように，製材に対して長さ方向の同じ位置に桟木を数本，間隔をあけて配置することで製材どうしに隙間をあけ，その間に風が通るようにした桟積みを行い，屋根を掛け，風通しの良い状態で自然に乾燥させる。

図1.20 天然乾燥

一方，人工乾燥は同じように桟積みしたものを，乾燥室（kiln）内で熱風を当て，強制的に乾燥させる。その際，上に錘を載せる圧締により，反りやねじれなどの狂いを抑える方法がとられる。

人工乾燥は目標とする含水率に速く到達させることがコストの点で重要とな

ティータイム

木材中の水，自由水・結合水，繊維飽和点

　木材に含まれる水分は，2通りある。一つは細胞内腔と呼ばれる空隙に存在する水（主に液体状）である自由水である。もう一方は，水分子として木材組織内（細胞壁）に入り込んで，非晶領域と呼ばれる部分に水素結合している結合水である[14]。結合水が存在し得る最大の含水率を繊維飽和点と呼び，木材の構造や化学組成によって若干の違いはあるが，一般的に28%が用いられる。

　木材の性質は，この繊維飽和点以下で直線的に変化するものが多い。例えば，乾燥の際には，自由水から減少し，繊維飽和点以下になると収縮が始まる。収縮・膨潤は繊維飽和点以下で起こり，その変化は低含水率と繊維飽和点付近ではやや曲線になるが，その間はほぼ直線的で，含水率1%当りの収縮率を平均収縮率としてその樹種の性質[31]として示す際に用いられる。

　また，電気抵抗の対数と，含水率の対数も繊維飽和点から約7%まで直線関係にあり，この原理を利用した電気抵抗式含水率計が販売されている。

るが，急ぎ過ぎると割れや，落込みと呼ばれる不規則な凹みを引き起こすことから，乾燥室内の乾球温度と湿球温度を管理した乾燥スケジュールに従って行われる。このスケジュールは樹種と厚さによって異なり，同じ樹種であっても厚さの異なるものを一緒に乾燥させると片方に損傷を引き起こす原因となる。

乾燥装置で最も普及しているのは蒸気式で，ボイラーで発生させた蒸気を乾燥室内の加熱管に送って温度を上げ，蒸気の噴射，吸・排気ダンパーの開閉によって湿度を調整するとともに送風機（ファン）により風を起こし，循環させる。ボイラーは扱いやすさから灯油や重油によるものが多かったが，最近は発電を兼ねた木くず炊きボイラーも増えつつある。

人工乾燥の方法としてこのほかに，乾燥によって発生する水蒸気を除湿機によって取り除くとともにその潜熱によって乾燥室の温度を上げる低温除湿乾燥や，圧力管の中の気圧を下げることで水の沸点を下げて乾燥を促進する減圧乾燥，木材を挟んだ電極に高周波をかけることで直接水分子を発熱させて熱を発生させる高周波乾燥などがある。

また，太陽光（熱）を用いたソーラー乾燥は，天然乾燥よりも短期間で乾燥でき，図1.21に示すような省エネ型の乾燥装置としての利用が期待される[32,33]。

図1.21　ソーラー乾燥機

1.4.4　カスケード利用のすすめ

本書では，木材のエネルギー利用についても触れるが，一般的な林業で生産

された木材をエネルギー利用する場合，薪炭林や一部のエネルギープランテーションを除き，カスケード利用の最終段階とすることを推奨する。図 1.22 にカスケード利用のイメージを示す[19]。カスケード利用とは，多段階の利用を意味し，リユース，リサイクルを含めた利用である。

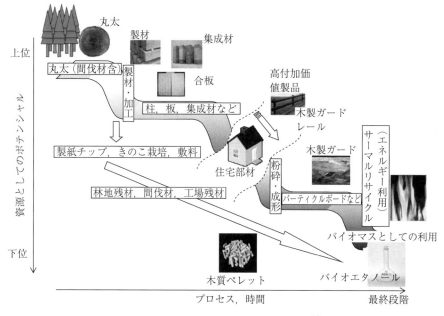

図 1.22　木材のカスケード利用イメージ[19]

　人工林で樹木を育てるには，時間とコストがかかる。1.1.2 項で述べたように，日本の森林における最近の成長量は約 1 億 3 800 万 m^3／年であるが，これは国内の一次エネルギー総供給量の 10％にも満たない。しかも，これらには現状では搬出が難しいものも多く含まれている。

　仮にそれらを材料としてではなく，すべてそのままエネルギーに利用してしまうと，材料には別なものが必要となる。1.4.2 項で述べたように，木材はエコマテリアルであり，他の材料に替えると環境負荷や持続性の面で問題となりかねない。

　また，表 1.5 に示したように，伐採直後は多くの水を含んでおり，重量当り

42   1. 森林からの素材生産

の発熱量を下げることになる。加えて，石油と違い，そのままでは自動供給が
難しく，乾燥して粉砕（あるいは粉砕して乾燥）する必要があり，木材を燃料
利用する際のコストアップの要因となる。

　これらを考えると，木材を木材・木質（マテリアル）として利用し，さらに
マテリアルとしてリユース，リサイクルし，それらの過程で不要となったもの
を最終的にエネルギーとして利用するべきである。実際，丸太のままで使われ
ることはほとんどなく，製材や合板など，丸いものから四角にして使われてい
る。その過程で，残材が発生するとともに，乾燥が行われているものもある。

　樹木から木材製品を得る過程において，造材では枝条や末木，根曲りなどで
捨てられる追い上げ材や伐根などの林地残材が発生する。林地残材の割合（林
地残材率）は，造材歩留まり（利用率）の残余としても計算できるが，樹種や
胸高直径，生育地などによって異なる。文献でもさまざまな値が示されている
が，その一つとして**表1.6**に林地残材率[34]を示す。ほかにも，針葉樹主伐24％，
間伐40％[35]などとあり，丸太として出材されるのは6～8割程度で，残りが
林地残材となる。

表1.6　林地残材率[34]

樹　種	林地残材率〔%〕			
	末　木	枝　条	その他	合　計
スギ・ヒノキ	2	8	5	15
マツ類	3	11	5	19
その他の針葉樹	3	16	5	24
広葉樹	5	20	10	35

　さらに，その造材された丸太は，加工される際に，バーク（樹皮）や背板，
切削屑，端材や合板の剥き芯など工場残材が発生する。丸太からの製材歩留ま
りは，丸太の径，樹種，木取りや用いる機械によって異なり，40～80％であ
るが，近年は歩留まりよりも能率を重視した製材方法となっており，50～60％
程度と推測される。その残りが工場残材と呼ばれ，背板チップや鋸屑となる。

　また実際に使用する際には，乾燥して鉋（プレーナー）仕上げされ，ここで

も屑が出る。実例を挙げると，天然トドマツ・エゾマツから乾燥，プレーナー
仕上げで 105 mm 正角を得るには，112 mm で製材する必要があり[36]，その加
工歩留まりは，乾燥による収縮も含めて 87.9％である。すなわち，丸太から
の製品歩留まりは，製材歩留まりの約 9 割となる。

　プレーナー仕上げが前提のツーバイフォー（2×4）材のたて枠は，国内での
生産はまだ少ないが，中小径原木に対する歩留まりが，29〜48％[37]で，収縮
による減少も含まれるが，せいぜい数％であり，平均すると 60％程度が工場
残材となる。

　また，最近は性能保証されたエンジニアドウッドとして集成材が一般の住宅
にも使われるようになったが，この集成材はさらに歩留まりが低い。その製造
工程は，製材，乾燥後の鉋削や縦継ぎ，接着後の仕上げ切削が必要で，そのた
びに木屑が出る。トドマツを用いた実験で歩留まりは，製材直後が 59.8％，
鉋削し縦継ぎした段階で 31.5％となった[38]。この後，接着した後の仕上げ加
工を考えると，丸太の約 7 割が木屑となった計算になる。

　このように，樹木が木材製品になるまでに，多くの残材（屑）が排出されて
いる。ただし，屑といっても立派な資源であり，工場残材のほとんどは，製紙
用チップや家畜敷料などマテリアルとして利用されている。一方で，林地残材
の利用はまだ低く，収集・運搬が課題ではあるが，有効利用が期待される。

　他方，製品としてその役目を終えたものも，木屑となる。その中で多いのが
建築解体材である。平成 14（2002）年に「建設工事に係る資材の再資源化等
に関する法律」（建設リサイクル法）が施行され，廃棄物になったときに再資
源化や減容化が求められる特定建設資材として，施行令に木材を規定してお
り，現在は法の下でリサイクルや減容化が図られている。**図 1.23** に，建設リ
サイクル法施行前のデータではあるが，平成 12（2000）年度の北海道におけ
る建設廃木材の破砕・再資源化状況[39]を示す。このように家畜敷料，パーティ
クルボード，製紙用チップなどのマテリアルリサイクルと，燃料や RDF
（refuse derived fuel，ごみ固形燃料）などのサーマルリサイクルがある。最近
の調査結果はないが，石油価格の高騰を受けて燃料利用が増え，一方でボード

1. 森林からの素材生産

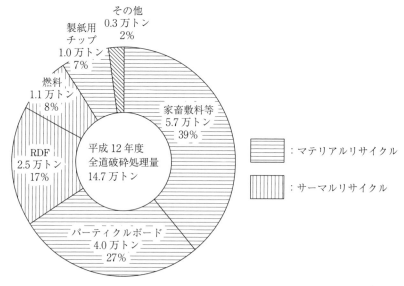

図1.23 平成12年度の北海道における建設廃木材の破砕・再資源化状況 [39]

原料の確保が難しくなっているようにも聞く。

　さて，視点を変え，エネルギーとしての利用が可能かどうかを，価格の面で考えてみる。丸太の価格は，樹種のほかに，製材，合板用，パルプ材，あるいは北海道ではあまり使われていないがA，B，C材といった分類がある。A材が最も良く，C材はパルプ材に当たる。価格もA，B，Cの順である。製材用は太さによって材積当りの単価が変わり，通常は歩留まりの良い太い大径材（30 cm 以上）が高い。

　持続性の面を考えると人工林材が対象で，成長量から本州ではスギ，北海道ではカラマツが妥当であろう。平成26（2014）年2月の価格はスギ13 300 円/m^3，カラマツ 11 100 円/m^3（いずれも中丸太）となっている[40]。全乾比重はスギ0.35，カラマツ0.46[29]であり，乾物トンに換算するとそれぞれ38 000 円，24 130 円となり，同じ固形燃料で発熱量が木材の1.4倍程度の石炭が12 006 円（北海道電力平成25～27年平均価格）であり[41]，さらに水分も含む木材では，電力の固定価格買取制度（FIT）を除いてエネルギー利用には高

1.4 木材利用 45

すぎる。

一方で，p.11 のティータイム「立木の価値はどのようにして決まるか」でも述べたように，木材価格が安いことが再造林が進まない要因ともなっており，日本の森林を維持するためには，木材をできるだけ高く買うことが必要となっている。このことからも，カスケード利用の重要性がわかるであろう。

図 1.24 に人工林と木材利用による炭素固定のイメージ[42]を示す。木造建築として知られる法隆寺のように，木材をうまく，長く使うことで，より多く炭素固定が可能となる。木材は腐る，燃えるというイメージがあるかもしれない

◖ティータイム◗

丸太の材積，末口自乗法

　丸太の形状は，断面が円で，長さ方向に細り（元が太く，末は細い）がある。そのため，材積を計算する方法（推定）がいくつかある[43]。

　中央の断面積に長さを乗じるフーバー式，末口と元口の断面積の平均に長さを乗じるスマリアン式などがある。これらは比較的簡単な計算式であるが，その部位の直径を測るとともに，円の面積を算出するのに円周率（π）を用いるため，計算はやや面倒である。

　一方，日本においては素材の JAS において，6 m 未満の丸太は末口自乗法が用いられる[44]。丸太の直径は，皮を除いた最小径を測定し端数切捨て（最大径との差が大きいものは加算条件有），8 cm 以上 14 cm 未満（小径木）は 1 cm 刻み，14 cm 以上（中・大径木）は 2 cm 刻みとしている。この直径の値を 2 乗して，規定の長さをかけ，m^3 単位で小数点第 4 位を四捨五入した値が材積となる。

　すなわち，最小径 17.5 cm，長さ 3.65 m（12 尺材，実寸が 3.75 m あっても）の丸太の材積は

$$0.16 \times 0.16 \times 3.65 = 0.093 \text{ m}^3$$

となる。この末口自乗法は日本古来の慣用式で，計算が簡単である。歩留まりもこの値が用いられる。末口だけで考えれば，実際の断面積より大きい値だが，丸太には細りがあり（元口に向かって太くなっている），元口側の太い部分によって相殺されている。

　ほかにフランスの慣用式の五分周公式，イギリスの慣用式の四分周公式，アメリカで使われるブレレトン法などがある。

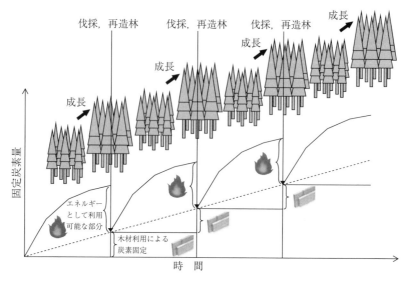

図1.24 人工林と木材利用による炭素固定のイメージ[42)]

が，乾燥することで腐りにくくなる。また，防腐処理や難燃処理の技術開発により，さまざまな場所に使える木材も増えている。一方，森林を適正に管理しなければ，遅かれ早かれ分解され，単純な炭素循環となる。

このように，人工林を持続的に活用し，木材として長く使うことで温室効果ガスであるCO_2の削減につなげられる。また，図の実線と点線の間が前述した不要部分に当たり，エネルギーなどに利用できる部分である。これらもカーボンニュートラルの考えが適用でき，化石資源を代替することにより，その分の二酸化炭素を削減することができる。

1.4.5 木質バイオマス

カスケード利用の下位として重要となるのがバイオマス利用，すなわち形を持った材料ではなく，成分を目的とした原料やエネルギーなどへの利用である。その利用方法としては，古くは薪や木炭であった。近代においては，紙パルプ工業の発達により，紙のほかに，セルロイドやセロファン，レーヨンなどがある[16)]。現在のパルプの主流はクラフトパルプでリグニンは薬品回収を兼

ね燃料とされているが，サルファイト（亜硫酸）パルプで得られるリグニンスルホン酸はコンクリート減水剤や各種分散剤に利用されている。

また，工場残材である鋸屑などは，家畜の敷料のほか，生ごみ処理器やバイオトイレなどにおける菌の担体として使われている[45]。木材は，わらなどと比べ保水性が高く[46]，また分解しにくいことから，繰り返して利用もできる優れた資源である。

木材は化学的な面では，1.4.1項で紹介したように，炭素，水素，酸素からなる有機物であるセルロース，ヘミセルロース，リグニンがほとんどで，灰分は少ない。このことは，直接燃焼や木炭のほかにさまざまな利用の可能性がある。

セルロースやヘミセルロースは多糖類であり，低分子化することで，オリゴ糖や，グルコースやキシロースなどの単糖として食品にもなり得るほか，微生物変換により，ポリ乳酸樹脂の原料やエタノール，キシリトールなどへも変換できる[47]。

他方リグニンは，先のパルプ廃液由来のリグニン利用技術のほかに，相分離系変換法によるフェノール系高分子素材としてのリグノフェノール回収方法がある。

ただし，化学的な利用技術を考える場合，木材は草本などと比べ，分解しにくく，成分分離が難しいことが課題であり，さまざまな研究が行われている。

少量でありまた樹種によっても異なるが，抽出成分もまた，芳香剤となる精油，抗酸化物質や薬用成分などに利用できるものも含まれている。タンニンなど樹皮に多い成分もある。それらを回収してから残渣を燃料などに利用するためには，効率的で残渣の利用に影響の低い，すなわち含水率を上げない抽出方法が確立すれば，樹皮の価値を高めることができる。

一方，木材，特に木質部は灰分が少ないことからガス化などの熱分解原料としても優れており，ガス化による合成ガスは将来の石油に替わるケミカルス原料として期待されるところである。また，バイオオイル（熱分解油，木タール）も化学合成が困難な天然成分が多数含まれている[15]。

1.5　森林資源の有効利用に向けて

　本章でははじめに，林業のなかでもとりわけ森林作業と基盤整備にかかわる課題が浮き彫りとなるように話を展開した。森林・林業再生プランが全体として結実するかどうか，いまはわからない。しかし現場レベルで見れば課題解決に向けた地域の自発的な動きが全国へと広がり，林野庁はそれを制度と人材育成の面で後押ししている。

　先に林業の高齢化について述べたが，じつは若い労働者も増えている。就業者数に占める 35 歳以下の割合を意味する若年者率は，全産業で低下傾向にあるのに対し，林業のそれは上昇を続けており，平成 22 （2010）年には 18％となっている [6]。また，近年では女性の林業への参画も拡大している。これらのことには，自然を相手にする仕事，環境を保全する仕事はすばらしいといった精神的な理由にとどまらず，実務面で機械化によって労働環境が改善されたことも大きく貢献していよう。

　林業を支える人材が育ち，そして山村を支える若者が増える下地が整いつつあることを考えると，人工林の成熟，つまり先人が植えた木が大きくなり収穫期を迎えつつあるいま，日本の森林資源を有効利用するために，このチャンスを活かさない手はないのである。

　かたや木材は，生物材料であるため乾燥などの前処理が必要となるものの，金属やコンクリートよりも環境面だけでなく材質としても優れた性能を有している。また製材品以外にも多種多様な用途があり，さらに日々新しい利用技術が開発されている。樹種ごとの特性を活かしながら，多段階に（＝カスケード）利用したうえで最後にエネルギーとして利用する姿が理想的といえよう。

2 副産物の利用 — 森林の恵みを利用 するために —

　本章では，木材のほかに利用可能な森林資源を副産物と称し，その利用について考えたい。

　副産物といえば，まずは食用として広く親しまれているきのこや山菜の類が思い浮かぶ。また最近では，シカやイノシシ，クマなどの野生動物が激増し，人里に降りてきて畑を荒らしたり，ひいては住民を襲ったりすることが問題となり，対策の一環として駆除した動物の肉や毛皮を有効利用できないか，検討に取り組む事例も見られる。さらに，例えば森林浴といったレクリエーション利用が考えられよう。ヨーロッパの国々では，一般の人びとと森林との距離は近く，きのこ狩りやベリー摘みを楽しんだり，狩猟が娯楽として定着したりしている。ほかにも森林には，土砂災害を防ぐ役割や，水質を浄化して「おいしい水」を供給する役割が備わっている。

　そこで本章では，はじめにきのこ，山菜などの「特用林産物」と，増えすぎたことが問題を生み出しているニホンジカを主とする野生動物を例に，森林の副産物の利用を考える。つぎに，レクリエーション利用や土砂災害防止，水質浄化といった有形無形の恵みをすべて考慮したら，森林にはいったいどれほどの価値があるのか，その試算を紹介したい。最後に，林業をめぐる最新の動向として，木材を生産する産業である林業における，副産物としての枝葉などの林地残材（logging residue）のエネルギー利用について，先進的な北欧諸国の収穫技術とわが国の研究事例を解説する。

2.1 特 用 林 産 物

2.1.1 特用林産物とは

日本特用林産振興会によれば，山林から生産される産物のうち，木材以外のきのこ類，木炭，竹，桐などの産物を特用林産物と呼ぶとされ，その内訳は，燃料，樹実類，山菜類，きのこ類，特用樹など，薬用植物，樹脂類となっている（**表2.1**）。また林野庁は，特用林産物の生産が，農山村における地域資源を活用した産業の一つとして，地域経済の安定と就労の場の確保に大きな役割を果たすものと位置付けている[2]。本節では，代表的な特用林産物であるきのこ類のなかからまつたけを取り上げ，その生産量の激減に見る森林管理の問題を考えたい。

表2.1 特用林産物[1]

燃 料	樹実類	山菜類	きのこ類	特用樹など	薬用植物	樹脂類
木 炭 練 炭 薪など	ギンナン クルミ クリなど	フキ タケノコ 山ウド ワサビなど	乾シイタケ 生シイタケ エノキタケ エリンギ マツタケ ナメコなど	ミツマタ コウゾ 桐 竹など	マタタビ ホウレン キハダなど	ウルシ 木ロウなど

農林水産省が毎年公表している「林業産出額」は，国内における木材，栽培きのこ類，薪炭など，林業生産活動による生産額の合計，すなわち木材生産と特用林産物生産の産出額の合計を表す経済指標である（**図2.1**）。昭和51（1976）年には，林業産出額は9400億円，木材生産が全体の9割近くを占めていたものが，直近の10年ほどは林業の衰退に伴い4000億円台で推移し，木材生産の占める割合は5割前後と停滞している。

つまり，特用林産物は，すでに林業にとって副産物ではなく，木材と並ぶ主要な産物となっていると捉えることができる。食用のきのこ類は，いまや日本の食卓に欠かせない商品であるし，バーベキューに木炭は必要不可欠，最近で

2.1 特用林産物　51

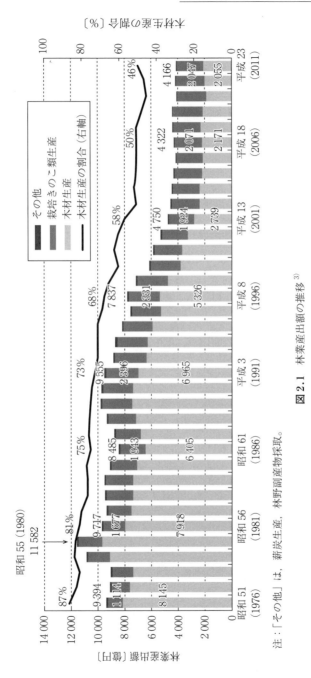

図 2.1 林業産出額の推移[3]

注:「その他」は、薪炭生産、林野副産物採取。

は温もりを感じることができる薪ストーブが人気で，燃料としての薪を見直す動きも見られる。また，きのこ栽培で財を成した経営者が，親から相続した，それまで何もしていなかった山林の手入れを始めたという話も聞く。特用林産物を森林の「副産物」と考えることに対しては，注意が必要であろう。

なお，上述の林業産出額に関連して，じつは栽培きのこ類は，生産量，生産額とも東日本大震災が発生した平成23（2011）年以降，減少傾向にある。この背景には，原発事故に伴う放射能汚染や風評被害の影響を少なからず受けていることがあるものと推察される。

2.1.2 森林の荒廃とまつたけ

〔1〕 人工栽培できないまつたけ　　生物学的には菌類に分類されるきのこは，大きく木材腐朽菌（wood-rotting fungus）と菌根菌（mycorrhizal fungus）に分けられる。現在栽培されているきのこ類は，しいたけ，えのきたけ，ぶなしめじをはじめとする木材腐朽性の種がほとんどである。まつたけは，これら枯死木に発生するきのことは異なり，おもにアカマツの根と共生関係を保ちながら生育する菌根性きのこであることから，いまのところ実用的な人工栽培技術が確立されておらず，自然発生したものが採取され，市場へ出荷されるにすぎない。このため，生産量は気象条件に大きく影響を受ける。

山村の特用林産物として戦後に発展したきのこ栽培産業は，量産化・効率化が進んだ結果，おがくずなどを用いた菌床栽培による大型施設での生産が主体となり，山村の産業としてはむしろ成立しづらい状況となりつつある。ただし，乾しいたけと一部の生しいたけは，クヌギやコナラ，ブナ，ミズナラといった落葉広葉樹の幹を1m程度の長さに玉切って「ほだ木」をつくり乾燥させ，そこにしいたけ菌を植え付けて露地で栽培する原木栽培が主流であり，山村の収入源となっている。

食用きのこのなかでも，特に「秋の味覚の王様」と称されるまつたけは，国内消費の99％を輸入に依存しており，国産ともなれば店先では1本が数千円と値の張る高級食材である。図2.2に，国内のまつたけ生産量の推移を示す。

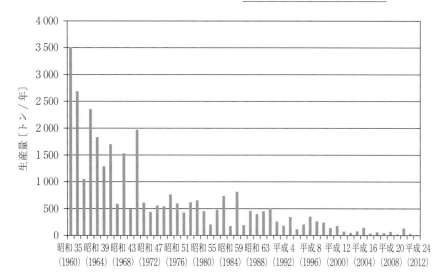

図 2.2 国内のまつたけ生産量の推移[4]

　昭和35（1960）年の生産量がおよそ3500トンであったのに対し，驚くことに平成24（2012）年にはわずか16トンである。まつたけの生産量は，昭和30（1955）年前後に燃料革命が始まった辺りをピークに減少の一途をたどっているといわれているが，かつてはいまほどの高級品ではなかったことは容易に想像できよう。この減少の要因にも，やはり山村の過疎化によって森林と人間とのつながりが希薄になっていったことが挙げられる。

　〔2〕**アカマツ林の荒廃**　　まつたけは，生きたアカマツの根に宿る菌根菌であり，日当たりと風通しのよい，乾燥気味で痩せた土壌のアカマツ林に発生する。アカマツから養分を受け「シロ」を成長させ，まつたけを発生させる。シロとは，まつたけの本体である菌糸とアカマツの根が一緒になった塊であり，地中で輪を形成することが多く，まつたけはこのシロに沿って生える。アカマツ林を管理する農家や「まつたけ採りの名人」といわれるような人は，シロの場所を知っていても決して他人には教えない。かつては「まつたけ山」と呼ばれるアカマツ林が各地で入札にかけられ，落札者に採取権が販売されていた。アカマツ林もまた，山村の重要な収入源となっていたのである。

かたや宿主のアカマツも,「尾根マツ,沢スギ,中ヒノキ」といわれるように,尾根筋の乾燥した土壌が生育に適しており,また日当たりのよい場所に先駆的に成立する樹種である。生態学の植生遷移でいうところの陽樹（intolerant tree）に該当することから,アカマツ林はそのまま放置しておけば,やがてシイやカシといった陰樹（tolerant tree）である常緑広葉樹の極相林（climax forest）に遷移する。アカマツの落ち葉や枯れ枝は,肥料や燃料として活用されてきた。またアカマツの木材は強度が高く,日本家屋の建築において屋根を支える「梁(はり)」として好んで用いられてきた。つまり定期的に採取や伐採が入ることで,アカマツ林が維持されてきたというわけである。

ここでアカマツとクロマツの素材生産量の推移を見ると（**図 2.3**),まつたけと同様昭和 35（1960）年の 1 100 万 m^3 から減少を続け,直近の平成 16（2004）年には 82 万 m^3 まで落ち込んでいる。まつたけが採れなくなった原因としてマツ枯れを指摘する意見もあるが,この問題が深刻化するのは 1970 年代に入ってからであり,むしろ燃料革命を契機に落葉落枝が蓄積するとともに,建築用材としての需要が激減し,アカマツ林の手入れをする人がいなくな

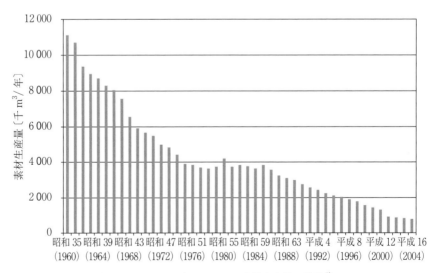

図 2.3 アカマツとクロマツの素材生産量の推移[5]

2.1 特用林産物　　55

り，雑木が入り込み，その落ち葉が分解して土壌の富栄養化が加速していった
ことが大きく影響しているのではなかろうか。なお，マツ枯れ問題についても
言及しておくと，アカマツ林の荒廃や重工業化に伴う大気汚染でアカマツ自体
が弱ったところに，マツノザイセンチュウという病害虫が入り込んだことでマ
ツ枯れが大発生し，全国各地のアカマツ林が壊滅的な被害を受けたといまのと
ころ考えられている。

2.1.3　原発事故の影響

　原発事故が発生した平成23（2011）年には，福島県をはじめ，千葉県，茨
城県，宮城県，栃木県の一部地域で露地栽培される原木しいたけの出荷に制限
がかかった。ほかのきのこ類も含め，多くの特用林産物の出荷が制限され
た[6]。1986年にウクライナで発生したチェルノブイリ原発事故を契機に，森
林生態系に取り込まれて土壌中に蓄積した放射性セシウムが，きのこに特異的
に濃縮することが明らかとなった。南東北や北関東各県産のきのこについて風
評被害が多く発生したであろうこと，情報を公開して懸命に安全を訴えるもの

```
━━━◀ ティータイム ▶━━━
```

チェルノブイリ原発事故と森林

　チェルノブイリ原発事故が発生したウクライナを，筆者は2004年に訪れた。
その際見聞きした情報によれば，事故によって430万haの森林が放射能に汚
染し，そのうち43.8%の森林は当時もなおきのこ狩りを含むすべての開発が
制限されていた。ウクライナ国内の木材生産量の4割が汚染した森林からのも
のであったが，木材に加え，きのこ，ベリー，薬用植物，狩猟品などすべての
林産物をチェックする施設が全国に8か所設けられていた。放射性物質の影響
は，じつは北西に位置するベラルーシのほうが深刻で，バルト三国や北欧諸国
にまで及んだ。2002年に訪れたデンマークの地域熱供給プラントでは，その
燃料をバルト三国からの木材チップの輸入で賄っていたが，焼却灰はやはり放
射性物質の影響が懸念されることから，リサイクルせず産業廃棄物として処理
されると聞いた。原発事故から15年以上経過してもなお，その影響を引きず
るという先例となるのであろうか。

の，そのことがいまもなお尾を引いているであろうことは想像に難くない。

　福島県ではきのこ栽培のみならず，ほだ木の材料となるしいたけ原木の供給にも影響が及んだ。国内のしいたけ原木は，基本的に自県で賄われるが，他県から調達される原木については，その半分以上が福島県からのものであり，しいたけ原木の安定供給に影響が生じた。県内に残された，放射性物質で汚染された原木が，処理できず各地で累積した[6]。

　ところで木材については，当初は空気中に拡散した放射性物質を取り込んで蓄える性質はなく，放射性物質を含むチリやホコリがとくに付着しやすい性質を有しないとされたが，やがて樹皮（bark）を含む木くずの燃焼により，高濃度の放射性物質を含む灰が生成される事例が報告され始めた。その処分場が確保できないことから，以後，樹皮の燃焼利用が滞ることとなった。製材工場での加工工程で丸太を皮むきする際に発生する樹皮は，燃料のほか，肥料，家畜の敷料として活用される。福島県産の牛肉からも暫定基準値を超える放射性セシウムが検出され，樹皮の出荷も制限されることとなった[3]。

2.2　野　生　動　物

2.2.1　シカが増え続けている

　わが国に生息するシカは，その正式な学名をニホンジカ（*Cervus nippon*）というが，ここでは「シカ」として話を進めたい。亜種である北海道のエゾジカを除外した個体数は，2011 年時点で 261 万頭と推計されており，仮に現在の捕獲率を継続した場合，2025 年には 500 万頭に達すると予測されている[7]。筆者は職業柄，大学の実習で森林へ学生を引率することが多いが，シカに遭遇するのは珍しいことではない（**図 2.4**）。

　平成 24（2012）年度の野生鳥獣による農作物被害額はおよそ 230 億円であり，このうちシカによるものが最も大きく 82 億円，全体の 36% を占めている[8]。林業に限ると事態はさらに深刻で，野生鳥獣の被害を受けた森林面積のうち，6 割前後がシカによるものという年が続いている（**図 2.5**）。被害内容

図 2.4 シカの親子

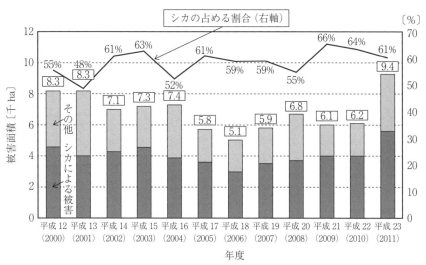

※その他には，サル，ノネズミ，ノウサギ，イノシシ，クマ，カモシカが含まれる。

図 2.5 野生鳥獣による森林の被害面積の推移[3)]

としては，苗木の若芽の食害や樹皮の剥皮（**図 2.6**）が挙げられる。先端の新芽が成長して通直に伸び，樹皮の内側に形成層（cambium）がある木本植物（arboreous plant）であるスギやヒノキは，このような被害を受けると商品としての価値が失われてしまう。造林地の周りを囲むようにネットを張ったり，

58 2. 副産物の利用 ─ 森林の恵みを利用するために ─

図 2.6 苗木の若芽の食害（左）と樹皮の剥皮（右）

苗木を 1 本ずつチューブで囲ったりするなどの対策もとられているが，第一に費用が掛かるし，シカがネットやチューブを壊す，2 m 程度の高さであれば軽く飛び越えてしまうといった話も聞く。草食動物で草本植物（herbaceous plant）を主食とするシカであるが，あまりにも増えすぎたために食糧不足に陥ってしまったシカが，冬場に仕方なく苗木を食べているというのが実情である（それでもエサが足りず，痩せこけた個体や餓死した死骸が見られることもある）。

このほかにも，傾斜地に成立する日本の森林において，林床（forest floor）に生える下草が根こそぎ食べられてしまったために土壌が露出し，降雨の際に流れ出してしまう問題も顕在化している。養分や孔隙に富んだ土壌がいったん流出してしまうと，森林の再生はとても難しくなる。この項では，以上のように森林や林業に深刻な影響を及ぼしているシカの問題を取り上げたい。

2.2.2 なぜこんなに増えてしまったのか

〔1〕 シカが少なかった時代　　明治時代は近代化政策が強力に推し進められた時代であり，人口が増加し，食糧増産のために平地が盛んに開墾された。

2.2 野 生 動 物 59

そのため，野生動物はしだいに平野から追い出されていった。また19世紀は，欧米諸国による植民地獲得競争の激しい時代でもあり，軍の防寒用具として毛皮獣類の需要が大きく，世界的に野生動物は乱獲されていた。明治政府は国策として狩猟を推進し，毛皮の輸出を促進するが，やがて日本も中国大陸に進出するようになると，毛皮の国内需要も高まった。こうして，明治から第二次世界大戦前後まで，毛皮需要とたびたび発生した食糧難を通じて，野生動物の狩猟が山村で積極的に行われ，かつて日本の平原に広く分布したシカは，その数を減らしていった[9]。

戦後，シカの保護政策として，いわゆる「鳥獣保護法」が制定された。同法は，昭和25（1950）年にオスのみを狩猟獣として指定し，メスを保護することで個体数の回復に努めた。しかし，1970年代に入っても回復は見られず，昭和53（1978）年には，オスについても1日1頭のみの捕獲に制限されるまでにいたった。その後，急激な増加へと転じる1980年代を経て，平成11

■━┥ ティータイム ┝━■

シカにまつわる苦い経験

　雑草の繁茂は，農林業が抱える万国共通の問題である。欧米では，街路樹の根元の周囲に木材チップが敷き詰められているのをたびたび見かけるが，これは，土の表面を覆うことで雑草が生えることを防ぐ「マルチング（mulching）効果」をねらいとしたものである。わが国においても，農業では畑にビニールシートを敷くことが，一般的に行われている。「伐ったら植える」が基本の林業において，筆者は伐採跡地に残された末木（tree top）や枝条（branch）などの林地残材を粉砕して，そのチップを苗木の周囲に撒くことで下草の繁茂を抑制し，下刈り作業を省力化できないか，試験したことがある。造林地の周囲にはシカ柵を設けるなど，シカ対策を万全なものにして臨んだ。雑草の成長が旺盛な夏に訪れたところ，確かにチップを撒いた箇所の下草の発生は抑えられたものの，チップの上にはシカの糞が散乱していて驚かされた。シカにとって，よほど居心地がよかったのであろうか。さらに，翌春に試験地を再び訪れると，苗木は無残にもシカの食害に遭っていた。図2.6は，その際に撮影したものである。

(1999)年にようやくメスも狩猟獣となり，狩猟と有害捕獲の両面から個体数の削減が試みられる．しかし，1年に1頭を出産するメスを駆除することが，目的達成への近道であるところ，狩猟者は長年の習慣でオスを仕留めることが身に染みついており（オスは角が生えているので区別がつきやすい），捕獲数は年々増え続けているものの（図2.7），シカの増加に歯止めをかけられていないのが現状である．

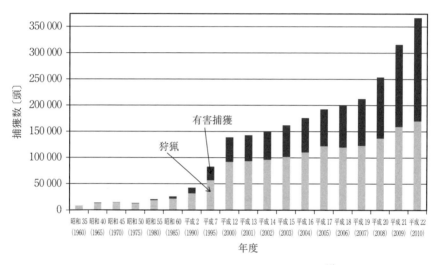

図2.7 狩猟および有害捕獲によるシカの捕獲数[10]

〔2〕 **林業労働者と狩猟者の減少・高齢化** まつたけの繰り返しになるが，ここでもその要因がやはり山村の過疎化に行き着く話をしたい．第1章で述べた拡大造林により，昭和30〜40年代（1955〜1974年）にかけ，全国各地に人工林が造成された．造林地に植え付けられたスギ，ヒノキなどの木本植物の苗木は，周囲に生える草本植物よりも成長が遅いため，苗木に十分な太陽光が当たるように，植栽後5〜10年は，周りの下草を刈り払う「下刈り(weeding)」と呼ばれる作業を行う必要がある．年に1回または2回，夏場に実施する下刈り作業はそもそもが重労働である．下刈りの必要な若齢の人工林面積が急増する一方，林業労働者数の減少・高齢化により人手は不足し，手の

回らない造林地が増えていった。こうして，もともと開けた森林や林縁（森林と草原との間）を好む草食動物のシカにとって，エサが豊富な，格好の生息環境が形成されていく，すなわち，シカが増える下地が整っていくのである。

　また，狩猟者数の減少・高齢化は，シカの「捕獲圧」の低下へとつながっていく。昭和50（1975）年度には50万人以上いた狩猟免許所持者数は，平成22（2010）年度には20万人を割っており，そのうち60歳以上の占める割合が6割を超える（図2.8）。狩猟者の生活の基盤が，やはり都市よりも山村に近いところにあるということは想像に難くない。一般には，冬場にクマを仕留めて生活の糧とすることで有名な秋田県の「マタギ」のイメージが強いかもしれないが，実際には狩猟によるシカの個体数の調整は，生活というよりもスポーツに分類される狩猟活動によっている。しかし，狩猟がレクリエーションとして定着している欧米諸国とは異なり，鹿狩りが日本では若者にあまり人気がないことは，図2.8を見るまでもなく明らかである。増えすぎたことによって甚大な経済被害をもたらしているシカの個体数を減らすことができる実行部隊が，

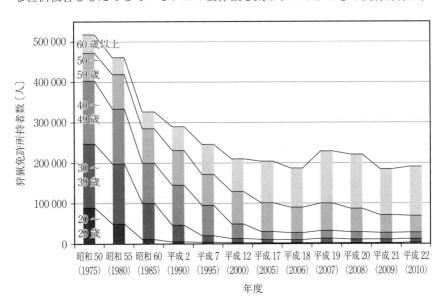

図 2.8　年齢別狩猟免許所持者数 [11]

このままでは絶滅してしまうことになる。

なお、ここまで述べたシカの保護政策や林業労働者と狩猟者の減少・高齢化に加え、暖冬が続き、積雪が少なくなったことにより冬場の子ジカの生存率が高まったことから温暖化を要因として挙げる意見もある。

2.2.3 拡大造林とシカ問題とのつながり

わが国の人工林の手入れ不足の問題を語るうえで、間伐の話題は避けて通れない。下刈り、除伐などの保育作業が完了した人工林では、間伐をすれば、太陽光が林床に届き、下草が繁茂して雨が降っても土壌の流出を抑えることができるが、間伐せずに放置しておくと、苗木はもやしのような細長い樹木にしかならないし、枝葉で構成される樹冠（canopy）が閉鎖して林床に届く光量が少なくなることで下草が減り、土壌がむき出しとなってしまう（図2.9）。じつは、ここにもシカ問題の要因が隠されている。

図2.9 間伐された人工林（左）と手入れ不足の人工林（右）

つまり、拡大造林によって天然林が伐採され造林地が急増したことが、エサが増えたという点でシカが増加する引き金となり、その後十数年を経た人工林の手入れ不足によって、今度は林内の下草の量が減ったことで、スギやヒノキ

の樹皮を食べたり，人工林を抜け出して農作物に手を出すようになったりしたというわけである。また，これはシカに限った話ではないが，山村の過疎化は，野生動物の生息地に隣接する地域における，人間活動の衰退を意味する。例えば耕作放棄地の増加は，格好の餌場や隠れ場所を提供することにつながり，野生動物の人間生活域への進出を促進することとなる。さらにシカは人間生活域にとどまらず，これまで進出することの少なかった高山帯にまで出現して，希少な植物が絶滅の危機に瀕するほどになった。生物多様性の保全の視点からも，シカ問題を考えなければならない段階に到達しているのである。

　古い時代，山のなかよりも平野に数多く生息していたシカは，人間が平地を使い尽くしたために森林に生き残ることとなった。専門家のなかには，明治時代からの100年ほどは人間の勢力が強く，野生動物を山地に閉じ込めることができていたが，拡大造林を契機に生息数が回復し，第一次産業の衰退を経て，最近になって野生動物がその勢いを取り戻しているにすぎないという見方もある。活気を失った山村に野生動物が出没するようになったいま守らなければならないのは，増えすぎた野生動物にさまざまな影響を受けている森林生態系や林業，そして山村での人間生活である。そのために，野生動物の生態や行動を理解したうえでの致死的な対策としての個体数調整，非致死的な対策としての電気柵などの物理的防除，被害の発生しにくい集落づくりといったことが求められている[12]。

2.3　森林の価値

2.3.1　森林の有する多面的機能

　健全な森林は，表土が下草，低木などの植生や落葉落枝により覆われて，雨水等による土壌の侵食や流出を防いでいる（土壌保全機能）。また，樹木の根は土砂や岩石等を固定して，土砂の崩壊を防いでいる（土砂災害防止機能）。森林の土壌はスポンジのように雨水を吸収して一時的に蓄え，徐々に河川へ送り出すことにより洪水を緩和するとともに，水質を浄化している（水源かん養

機能)。森林の樹木は，その成長過程では温室効果ガスである二酸化炭素を吸収し，これを炭素として蓄積することにより，地球温暖化防止にも貢献している（地球環境保全機能）。さらに，森林は木材やきのこ等の林産物を産出する（物質生産機能）とともに，新緑や紅葉等四季折々に私たちの目を楽しませてくれる景観を形成する（文化機能）。このほか，森林には，生物多様性の保全，快適な環境の形成，保健・レクリエーションといった機能もある[3]。以上のように私たちは日常生活のなかで，森林から木材のほかにも多くの有形無形の恵みを受けているといえるが，林野庁は，これらの機能を合わせて「森林の有する多面的機能」と定義している（**図2.10**）。

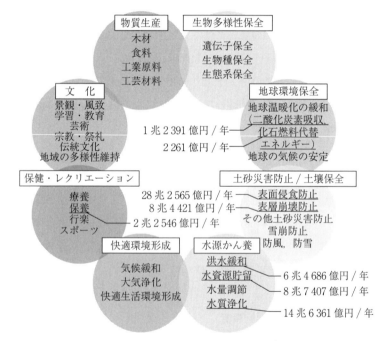

図2.10 森林の有する多面的機能[3]

2.3.2 森林の価値は年間 70 兆円

図 2.10 の多面的機能の一部に記載された金額は，平成 13 (2001) 年に公表された日本学術会議の答申[13]で示された貨幣評価額である。その評価額は，機能によって評価方法が異なるが（**表 2.2**），ここではこれらを合計した年間 70 兆円を「森林の価値」として，話を進めたい。なお，評価されている機能は森林の多面的機能のうちの一部にすぎず，またいずれの評価方法も，「森林がないと仮定した場合と現存する森林とを比較する」など一定の仮定の範囲における数値であり，少なくともこの程度には見積もられるといった試算の範ちゅうを超えないものであるなど，その適用にあたっては細心の注意が必要である。

表 2.2 森林の有する機能の定量的評価[14]

機能の種類と評価額	評価方法
二酸化炭素吸収 1 兆 2391 億円 / 年	森林バイオマスの増量から二酸化炭素吸収量を算出し，石炭火力発電所における二酸化炭素回収コストで評価（代替法）
化石燃料代替 2261 億円 / 年	木造住宅が，すべて RC 造・鉄骨プレハブで建設された場合に増加する炭素放出量を上記二酸化炭素回収コストで評価（代替法）
表面侵食防止 28 兆 2565 億円 / 年	有林地と無林地の侵食土砂量の差（表面侵食防止量）を堰堤の建設費で評価（代替法）
表層崩壊防止 8 兆 4421 億円 / 年	有林地と無林地の崩壊面積の差（崩壊軽減面積）を山腹工事費用で評価（代替法）
洪水緩和 6 兆 4686 億円 / 年	森林と裸地との比較において 100 年確率雨量に対する流量調節量を治水ダムの減価償却費および年間維持費で評価（代替法）
水資源貯留 8 兆 7407 億円 / 年	森林への降水量と蒸発散量から水資源貯留量を算出し，これを利水ダムの減価償却費および年間維持費で評価（代替法）
水質浄化 14 兆 6361 億円 / 年	生活用水相当分については水道代で，これ以外は中水程度の水質が必要として雨水処理施設の減価償却費および年間維持費で評価（代替法）
保健・レクリエーション 2 兆 2546 億円 / 年	わが国の自然風景を観賞することを目的とした旅行費用により評価（家計支出 [旅行用]）

※機能のごく一部を対象とした試算である。

2.3.3　この評価をどう考えるか

　年間70兆円という評価額は，森林があることで私たちが日々受けている恩恵を貨幣価値に換算したものといえ，国民一人当り年間60万円弱となる。それだけ余分な税金を払わずに済んでいるとも解釈できよう。林野庁が拠りどころとする数値を好意的に解釈するとともに，多少の無理を承知のうえで，この70兆円/年という森林の価値と，日本の森林面積2500万haから導かれる280万円/ha・年という数値についてここでは考えてみたい。

　1ha当り年間280万円という評価額を，森林所有者はどのように感じるであろうか。おそらく実感はあまり湧かないであろう。それどころかそのようなごまかしにはだまされまいと怒りさえ覚えるかもしれない。なにせ自分たちが40年間手塩にかけて育てた木が，1本1000円にもならないのである。仮に収穫期を迎えた50年生のスギ人工林1haの蓄積が600 m^3 あったとして，50年間に生み出してきた「価値」は総額1億4000万円にも達する一方，山元立木価格が2600円/m^3 であれば，不動産としてはたったの156万円としか評価されないのである。

　しかしその一方で，森林の恩恵は国民一人ひとりが受けているのもまた事実であり，林業をはじめとするわが国の第一次産業に「バラマキ」と批判されることも多々ある多額の補助金が投入される理由の一つは，その点にあるのであろう。林業が衰退し，森林の手入れをする人の住む山村が過疎化し，森林の機能が劣化していくおそれすらあるいま，年間70兆円という価値を生み出す日本の森林を誰がどのようにして守っていくのか，考え直す一つのきっかけとなる評価と捉えるのが適切なのかもしれない。

2.4　林業の副産物の利用 ― 林地残材の収穫 ―

2.4.1　日本は木質エネルギー利用後進国か？

　第1章において，スウェーデンやフィンランドは年間成長量の7割の木材を伐採し，これを木質エネルギーの利用拡大につなげている点に言及した。日本

の森林資源のエネルギー利用の可能性については次章で詳細に述べるとして，ここでは木材に由来するエネルギーという点で比較する（**図2.11**）．わが国は両国の10倍以上の人口を抱えるため，一次エネルギー総供給量に占める割合で見ると小さいが，利用量で見ればじつは日本もスウェーデン，フィンランドと同程度の水準にある．

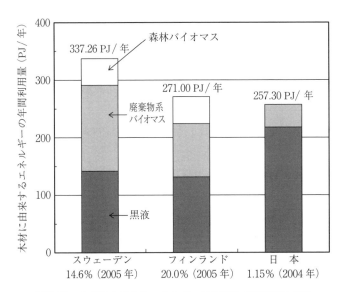

図2.11 木材に由来するエネルギーの利用量の諸外国との比較（パーセンテージは，国内の一次エネルギー総供給量に占める割合を示す）

ただし，その中身は異なる．日本は，紙をつくる工程で発生するパルプ廃液である黒液（black liquor）を，製紙工場内で発電用燃料としてリサイクル利用するものが高い割合を占めている．わが国は，製紙用チップもその多くを輸入に依存している（国内の製紙会社が海外で植林した原料を含む）ため，黒液の部分は国産エネルギーの利用という点で疑問符が付く．一方，スウェーデンとフィンランドは，国内で発生する製材工場等廃材などの廃棄物系バイオマスはほぼすべて活用し，林業の副産物である末木や枝条などの林地残材を森林バイオマスとして収穫し，エネルギー利用する段階に到達している．

2.4.2 森林バイオマスの収穫技術

ここで,エネルギーとして利用可能な木質バイオマス資源量と価格の関係を概念的に表したグラフを**図2.12**に示す。このグラフは,価格の安いものから順に利用されることを意味する。森林バイオマスの価格が高いのは,収穫・輸送・粉砕のためのコストが生じてしまうためであることは明白で,木質バイオマスのエネルギー利用にあたっては,まず廃棄物処理の側面から導入が進む。例えば現在,わが国で発電用の燃料や木質ペレットの原料となっているのは,産業廃棄物の処理費用という名目で収入の期待できる建設発生木材と街路樹剪定枝,そしてグラフにおける価格が0に近い製材工場等残材などの廃棄物系バイオマスが中心である。

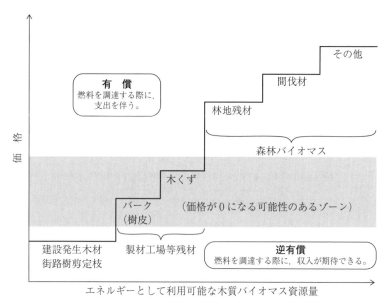

図2.12 エネルギーとして利用可能な木質バイオマス資源量と価格の関係[15]

かたや北欧諸国では,廃棄物系バイオマスを可能な限り利用するとともに,森林バイオマスを低コストで調達するシステムの構築のための技術開発が継続的に行われてきた結果,木質バイオマスの利用段階が,図2.12に示すところ

2.4 林業の副産物の利用 ─ 林地残材の収穫 ─

の森林バイオマスにまで到達しているのである。そこで、ここでは林業先進国であるスウェーデンとフィンランドで現在稼動している、林地残材の収穫機械と効率的な作業システム[16)]を紹介する。単位重量、あるいは単位容積当りのエネルギー密度が低いという欠点を有するバイオマス（biomass）のなかでも、とくにかさ張る末木や枝条の収穫は面倒であり、また輸送が非効率的なことは明らかである。そのような特徴を持つ林地残材が、果してどのように収穫・輸送・粉砕されるのであろうか。

〔1〕 **スウェーデン ─ 粉砕して収穫 ─**　スウェーデンでは、林内で残材を粉砕しながら収穫する方法が採用されている。残材を収穫する時点で粉砕してしまうため、バイオマスをかさ張った状態で搬出・輸送する必要がないという点において有効であるといえる。この作業はチッパフォワーダ（chipper-forwarder）と呼ばれる、粉砕機能を備えたフォワーダが行う（**図2.13**）。付属のグラップルで林地に残された末木や枝条をチッパへ投入し、粉砕されたチップはフォワーダのコンテナへ送られる。

このシステムでは、林道端にトレーラ専用のコンテナが置かれており、チッパフォワーダのコンテナが満杯になるとそこへ移動し、チップの積み替えを行う。トレーラ輸送が長距離となることから、この場合、どの場所に置かれたコンテナが満杯になっているかという情報のやり取りが、物流の面から重要となってくる。

図2.13　チッパフォワーダ

図2.14　バンドラ

70   2. 副産物の利用 ─森林の恵みを利用するために─

〔2〕 フィンランド ─圧縮して収穫─   フィンランドでは，バンドラ（bundler）と呼ばれる圧縮機械が用いられている（**図2.14**）。この機械は，かさ張る残材を圧縮・整形することにより，容積密度（bulk density）を丸太と同程度まで高め，丸太と同様の扱いを可能にすべく開発されたものである。

残材を圧縮機へ投入し，バンドル（bundle）と呼ばれる「束」を生産する。バンドルの密度が丸太と同程度のため，フォワーダで収穫する際には，その積載能力をフルに活かすことが可能である。また，トレーラ輸送についても同様のことがいえ，素材生産と共通の方法，機械を用いてエネルギー変換プラントまで収穫・輸送できることが，このシステムの特筆すべき点である。さらにこの場合，粉砕作業（chipping）は目的地のプラントで，大型チッパを用いて集約的に行われるため，粉砕工程の低コスト化にもつながり，この点も，このシステムを導入する際には有利に働くものと考えられる。

2.4.3 日本での研究事例

プロセッサを中心とする全木集材作業システム（図1.14参照）は，生産性の向上や安全性の改善といったメリットが大きいことからわが国に広く普及したが，その一方で，造材時に末木や枝条が短時間に大量に発生し，作業に障害をきたすなどの問題が新たに生じている。しかし，これらの林地残材を森林バイオマスと位置付ければ，土場（landing）というターミナルに集中して発生するという状況は，エネルギー資源として森林バイオマスを収穫するチャンスとなり得る。

筆者の研究グループは，プロセッサ造材時に発生する林地残材の収穫実験を実施した（**図2.15**）。丸太を搬出するフォワーダの空き時間を活用して残材も運び出すことが可能であり，コスト面では厳しいものの，エネルギーの無駄遣いにはならない，つまりエネルギー収支の点では問題なく，発電用燃料として石炭を代替することで，二酸化炭素排出量を削減できることが示された。ではどうすればコストの問題が解決されるのかという点については，土木工事の現場で用いられるような大型チッパで粉砕し（**図2.16**），$40\,\mathrm{m}^3$のチップを積載

2.4 林業の副産物の利用 ─ 林地残材の収穫 ─　　71

図 2.15　林地残材の収穫実験

図 2.16　大型チッパによる粉砕

図 2.17　大型トラックによる輸送

ティータイム

カリフォルニア州における林地残材の取り扱い

　アメリカやカナダは国土が広大であるため，林地残材のエネルギー利用は，輸送コストが割高となってしまい，あまり進んでいない。しかし，末木や枝条が林内に残されることについては，森林火災が拡大する原因となってしまうという別の問題をはらんでおり，林地残材は放置せず処理しなければならない。

　北米西部の各州は，間伐遅れの林分の増加やマツ枯れの被害の拡大という日本と同様の問題を抱えており，このことが，山火事の危険性を高めている。林分が過密である，あるいは枯死木が放置された状態で火災が発生すると，火柱のように急激に燃え上がるといわれている。これを「ラダーフューエル（ladder fuel）」と呼ぶ。火災の急激な拡大を防ぐためにも，間伐や枯死木の処理によるラダーフューエルの除去が喫緊の課題となっている[18]。

　伐採・収穫後に残された末木や枝条は集められ，なんと焼却処分される。カリフォルニア州では，チップにすれば乾燥重量で100トンを軽く超えるような大きな残材の山をつくり，冬場の湿潤で風のない穏やかな日に「オープンパイルバーニング（open pile burning）」という火入れの作業が行われる（**図**）。これらの残材も放っておけば山火事の燃料となってしまうためであるが，この作業はその燃料を削減することから「フューエルリダクション（fuel reduction）」，あるいは人間の管理の下で火を処方することから「ファイアプレスクリプション（fire prescription）」と呼ばれる。森林のなかで火入れをするのは危険なようにも思えるが，周囲の森林の間伐を行い，林地残材を除去したうえで人間が監視しながら行えば急に燃え広がるということはなく，「火をもって火を制する」方法が，この地域ではごく一般的に行われている[19]。

図　オープンパイルバーニング

可能な大型トラックで1日に3回輸送できれば（**図2.17**），北欧諸国のコストと同水準になるという結果が得られている[17]。

　しかし，これを現実のものとするためのハードルは高い。大型チッパの高い処理能力をフル活用するには，対象となる土場集積残材が常に存在するような状況をつくり出さなければならない。土場まで大型トラックが進入できる基盤整備も必要となる。わが国の場合，それが十分ではないのが現状であることは第1章で述べたとおりである。スウェーデンやフィンランドを引き合いに出すまでもなく，伐出作業の機械化と基盤整備が進み，プロセッサが作業する土場で林地残材がとめどなく生み出されるようなシステムが普及することによって，森林バイオマスのエネルギー利用が実現するという姿が理想的である。

2.5　山村の活性化に向けて

　筆者の母親はいわゆる「団塊の世代」であり，新潟県の農家に生まれ，戦後の幼少時代を山間の山村で過ごした。当時，炊事は子どもたちの日課であり，燃料となる薪を山へ集めに通っていた。特にスギの枯れ枝は着火しやすく，焚き付けに最適であったと聞く。いまから半世紀ほど前の話である。茅葺き屋根の生家は，自分の家の持ち山から伐り出した木材で建て替えた。しかし筆者が幼いころ，母親が通学に使っていた山道を歩こうとしたが，そのような道は跡形もなくなっていた。祖母に，「もうそのようなところには誰も入らない」といわれた記憶がある。

　人間とのつながりが強い里山では，かつては木炭の原料として，落葉広葉樹のクヌギやコナラが定期的に伐採されていた。また落ち葉が肥料になり，枯れ木が燃料になる，まさに「おじいさんは山へ柴刈りに」の世界であり，森林に適度なストレスを与え続けることで，林相は独特の状態に維持され，豊かな生態系が存在してきたのである。「里山の危機」といわれて久しいが，これは燃料革命をきっかけに，落ち葉が化学肥料に，木炭や枯れ木が電気やガスにそれぞれ置き換わった，つまり人間がより利便性の高いものを選択し，里山とのか

かわりを放棄した結果であるのはいうまでもない。

　本章では，山村の過疎化が森林の恵みの利用を阻んでいるということを，まつたけとシカの事例をもって示し，さらに今後，森林の機能の劣化を引き起こしかねない点を指摘した。またエネルギーを含めた林地残材の利用は，なにも新しい話ではなく，長い歴史のなかでもわずか半世紀ほど前までは日本のあちこちで行われていたことである。山村の活性化こそが，森林の恵みを利用するためには不可欠となろう。そしてこれを実現するために，素材生産の労働生産性を高め，林業の収益性が向上することこそが，山村に人間を呼び戻し，副産物という森林の恵みの利用につながり，それが国民全体の利益にもなるという好循環が生み出されるといったら，手前味噌かついいすぎであろうか。

3 エネルギー副産による経済性向上

　日本の森林を有効に利用するには，森林から得られる収入が，森林を管理する費用を上回ることが求められる。第1，2章では，森林そのものの主製品である木材と，森林から得られる食品，マテリアルなどの副産物によって収入を得ることを検討した。木材の販売によって経済的に森林経営が行われるのが本来の姿であろうが，安価な外材，戦後の森林管理，林業従事者の構成など各種の問題によって十分な収入が得られていないのが実情であるため，副産物収入を考えることが有効と思われる。

　森林から得られる副産物として得られるもう一つの可能性としてエネルギー資源がある。木材はもともと燃料としても用いられていた。松明などの明かりや薪など，人類は昔から木を燃料利用してきた。木を炭化した炭は火力も強く，火鉢やカイロに使われてきたが，現在でも茶道やバーベキューなどで利用されている。

　西洋文明においても木材のエネルギー利用は重要であり，石炭が用いられる前には木材が主要なエネルギー源であった。発展途上国でも薪は firewood と呼ばれて調理などに用いられており，また，これを炭にして利用することも進められている。日本でも戦後数十年は薪，炭が一般的に用いられていた。石油の輸入が解禁され，使いやすい灯油や都市ガスに移行したが，銭湯などでは比較的最近まで用いられていた。

　もっとも，単純に薪を燃やす場合には効率も低く，また，そのときの煙が目にしみるなどの問題がある。発展途上国では，屋内で木を燃やして調理をする

76   3. エネルギー副産による経済性向上

ために発生する煙による健康被害も問題となっている。現代の生活の中で木を
エネルギーとして使うにはそれなりの工夫も必要となる。

　林業に携わる立場の方には，端正を込めて育てた木を燃やしてしまうなど
もってのほか，という気持ちになることもあるようだが，ほかに用途のない末
木や枝条，C材としても利用できない間伐材などを用いることは有効である
し，木材加工まで含めて考えれば，樹皮や背板，端材などの不要部分を利用す
ることは経済性向上に有効である。また，エネルギー生産のために成長の速い
木を育て，材としては強度や加工性の点で劣っても，石油や石炭に変わる再生
可能エネルギーとして供給するという考え方もある。

　本章では，木の持っているエネルギー，その利用法，経済的な利用の可能性
について順に議論したい。

3.1　木の持っているエネルギー

　木を燃料として見た場合には，木を燃やしてどれだけのエネルギーが得られ
るかが重要となる。ものを燃やしたときに発生する熱を発熱量と呼ぶ。木を燃
やしたときに発生するのが木の発熱量，炭を燃やしたときに発生するのが炭の
発熱量である。

　木は主として炭素と水素と酸素からなっているので，木を燃やすと二酸化炭
素と水ができる。このときにできる水が，液体の水か，水蒸気かで発熱量は変
わってくる。液体の水ができるときのほうが，水が凝縮するときの熱の分だけ
多くの熱が得られ，これを高位発熱量という。これに対して得られる水が水蒸
気のときの発熱量を低位発熱量と呼ぶ。木材を燃やす場合には，燃やしてでき
た水と二酸化炭素は，通常高温の空気に混ざって出て行くので，水は水蒸気の
形となっている。木材を燃やしたときに実際に使える熱量は，特別なことをし
ない限り低位発熱量となる。

　また，木がどのくらい湿っているかによっても得られる熱量が違ってくる。
同じ1kgの木を持ってきても，そのなかに含まれている水分の割合が0.1の

3.1 木の持っているエネルギー　　77

場合には実際に燃やせる木の質量は 0.9 kg あるが，水分の割合が 0.5 の場合には実際に燃やせる木の質量は 0.5 kg しかない。さらに，木に含まれている水も燃やしたときの熱で蒸発する。この蒸発に発生した熱の一部が使われてしまうために，さらに得られる熱量が小さくなってしまう。

　燃えない不純物が混ざっていると，発熱量はさらに低下する。通常，木の灰分は数％程度なので，灰の影響は考えなくてよいことが多いが，発熱量は，木の種類や部分によっても異なる。木は，化学的にはセルロース，ヘミセルロース，リグニンという 3 種類の物質が主成分となってできている。セルロースやヘミセルロースは比較的発熱量が低く，リグニンは発熱量が高い。木を燃やしたときに得られる熱量は，これらの物質が燃えて得られる熱量の和となるが，木の種類や部分によってこれらの割合が異なっている。例えば，樹皮の部分はリグニンが多く，通常，心材の部分よりも発熱量が高い。また，製紙原料であるセルロース成分を得るために取り除かれるリグニンは，黒液という形で回収されるが，これを燃やして発電することによって製紙工場の省エネルギーが実現されている。

　通常，木材の低位発熱量は 18 MJ/kg 程度である。例えば，200 L の浴槽の水の温度を 10℃ から 40℃ まで上げるには，中学校で習った

$$（熱量）＝（比熱）×（質量）×（温度変化）$$

の式を使って

$$4\,186\,J/(kg\,℃)×200\,kg×30℃＝約\,25\,100\,000\,J＝25.1\,MJ$$

となる。1 kg で 18 MJ が得られるので，25.1 MJ にはおよそ 1.5 kg の木材が必要となる。昔，木を燃やして風呂を沸かしたことのある方にはやや少なめに感じられるかもしれない。実際には効率が 100％ にはならず，木のほうも完全に乾燥していないために，少なくともこの倍以上は必要になると思われる。

　表 3.1 に代表的なエネルギー副産の手法を示す。つぎの 3.2 節では，このエネルギーを使う方法を見てみよう。

78   3. エネルギー副産による経済性向上

表3.1　代表的なエネルギー副産の手法

手　法		得られるもの
物理的変換	薪 チップ ペレット ブリケット	固体燃料（20 MJ/kg 程度）
熱化学的変換	木　炭	固体燃料（30 MJ/kg 程度）
	直接燃焼発電 混　焼 ガス化発電	電　力

3.2　エネルギー副産の手法

3.2.1　薪

　木材の燃料利用として一番簡単なのは薪である。木の枝や幹を適切な長さと太さ（通常，直径数 cm ×長さ数十 cm）に裁断することによって，炉の中で燃やしやすくするだけだが，あまり手をかけなくて済むと同時に，木の空気に触れる部分を増やすメリットがある。空気に触れる部分が増えると，その部分から水分が抜けやすくなるので含水率が下がりやすく，また，木が燃えるときには空気が供給される必要があるので，空気と触れる部分が大きいほどよく燃やすことができる。

　昔話の柴かりや薪割りなどで分かるとおり，薪は昔からずっと用いられてきた燃料であり，本章冒頭で述べた発展途上国で用いられる木材燃料もこれである。

　森林から薪を得るには，材としては利用できないような小径木や枝条を適切な長さと太さに切ればよい。残念ながら，完全に乾燥させることは容易ではないので，どうしても含まれている水分の分だけ得られる熱量は下がってしまう。湿った木の重量の中に占める水分の割合を湿重量基準の含水率（水分量）というが，通常，生えている木の含水率は60％程度である。これを切り倒して放置しておくと含水率は30％程度となり，さらに製材所ではこれを10％程

度まで乾燥させてから柱などに加工する。

最近の利用法として，家庭では薪ストーブなどを用いる例がある。薪を専用に燃やすストーブで，石油ストーブよりも高く付くが，火が燃える様子などが心を安らげるなどの声もあり，自宅に隣接して山があれば燃料が容易に手に入るなどのこともあって，利用されている。

3.2.2 チ　ッ　プ

つぎに簡単なのはチップにすることである。チップというのは数 cm 角の破片のことである。薪は細長くて機械で扱いにくいのに対し，チップは機械で連続的に供給したり，高い密度で貯蔵したりすることができる。さらに，空気に触れる面積も大きくできるので乾燥もしやすく，また，燃やしやすい。英語では wood chip という。なお，廃棄物処理などの手数料としてチッピング・フィーという用語が使われることがあるが，これは tipping fee で別の用語である。

チップをつくるにはミルという装置を用いる。コーヒー豆をひくのに使うミルと同じ単語である。チップをつくる方式には大きく分けて 2 種類ある。一つは衝撃方式と呼ばれるもので，金槌で木をたたいて粉々にするような装置である。ハンマミルと呼ばれる装置がよく用いられる。もう一つは切断方式と呼ばれるもので，のみで木を削り取っていくような装置である。カッタミルと呼ばれる装置がよく用いられる。1 時間当りに数 kg 程度のチップをつくる小規模な装置から，1 時間当りに数トンのチップをつくる大規模な装置まである。

衝撃方式の場合には，できるチップのサイズもばらばらで，針状の部分もできてしまい，チップどうしが引っ掛かりやすいなどの問題があり，後でチップを供給するときに詰まりが発生しやすかったり，扱いにくかったりすることがある。このため，切断方式のチップのほうが好まれる傾向がある。

第 2 章でも述べたが，チップは，薪や枝そのものに比べて，同じ体積の箱の中により多く詰めることができる。このため，森林に移動式のチップ製造機（チッパ）（**図 3.1**）を持っていって，森林の中でチップにしてしまってから運

（a） 横から見たところ　　　（b） 図（a）の矢印（→）の方向から見たところ

図 3.1　チッパ

ぶことで運搬にかかるコストとエネルギーを削減することも提案されている。

3.2.3　ペ レ ッ ト

木材をチップよりも細かく（0.1 mm 程度）粉砕してから，圧力をかけて数 mm 径の金属製の穴を通すと，摩擦熱によって温度が上がり，木の成分であるリグニンが融解，その後また冷えて固まるときに粉どうしをくっつける接着剤の役割をさせることができる。これによって，直径が数 mm の細長い木粉を固めた棒ができる。これを数 cm ごとに切っていくと木質ペレット（wood pellet）と呼ばれる燃料が得られる。木質ペレットはチップよりもさらに密度を高くして貯蔵でき，さらに温度が上がるときに水分も蒸発するので含水率も小さく，機械による供給も容易となるメリットがあり，世界中で広く用いられている。

この木質ペレットは，大規模に地域冷暖房などに用いたり，大きな発電所で大量に燃焼して発電に用いたりするほか，温室などの加温用や，家庭での暖房用などにも用いられる。専用のペレットストーブなども売られており，薪ストーブよりも自動化が容易である。

3.2.4　ブ リ ケ ッ ト

ブリケット（briquette）はペレットと同様に木粉を固めたものであるが，薪程度の大きさとするために必ずしも中まで熱を通すことができず，ペレットほどの強度にはならない。薪に代えて用いるものであり，戦後，オガライトという名称で用いられた。これを炭化したオガタンも用いられる。

3.2.5　木　　　炭

　木炭は木材を高温で蒸し焼きにし，炭にしたものである。英語では charcoal という。チャコールグレイなどと色の名前にもなっている。炭にすることによって1 kg当りの発熱量は大きく向上し，そのために火力も強くなる。以前は，炭焼き小屋で何日もかけて炭化をしていたが，近年では連続的に木材を供給し，炭化して排出する自動の炭化装置もある。戦後すぐまでは日本で使うエネルギーの大きな部分が木炭であったが，その後，石油，石炭，天然ガスの利用が進んで現在ではほとんど用いられない。民生でも産業でも炭の用途は限られてきている。

　一方，近年，半炭化（torrefied wood）という技術が注目されている。これは，完全に炭になるまでには加熱せず，その手前で熱処理を止めるものである。生成物は焦げ目のついた木のようなもので，水分は飛ばされて水分含有量による発熱量の低下はなくなる。しかしながら，一方で密度は小さくなり，全体として単位体積当りのエネルギー量は多少大きくなる程度である。また，半炭化により一部の物質は揮発して失われるので，エネルギー収率の観点でも必ずしも有効とはいえない。しかしながら，上述のとおり質量当りの発熱量が大きくなることと，粉砕性が向上することから用いられている。

　特に粉砕性の向上は，発電所で石炭などと一緒に燃焼するときに有利となる。石炭火力発電所では，石炭を粉砕してから炉に供給することが一般的である。木質バイオマスを石炭に混ぜて燃やすときには，石炭に木質バイオマスを混ぜて，一緒に粉砕すれば効率的である。しかしながら，木は石炭と比べて粉砕しにくく，木の割合が大きくなると粉砕がうまくいかなくなって運転に支障が出る。半炭化しておけば，木の割合を大きくしても効率良く粉砕ができるため，半炭化したものを原料として使うこともある。

　単位質量当りの発熱量も大きくなるために，同じ熱量を運ぶための質量が小さくてすむ。このため，輸送コストを下げることにもつながる。

3.2.6 直接燃焼発電

前項までは，木を原料として固体燃料を生産販売することを想定して，各種の固体燃料について紹介したが，森林から生成するバイオマスをエネルギーとして販売して収入を得るという意味では，エネルギー利用施設に直接販売することも考えられる。

直接燃焼発電は，木を燃やして水蒸気を作り，この水蒸気で蒸気タービンを回すことによって発電を行うものである。原理はよく知られており，廃棄物発電などと同じものである。さまざまな炉が使われるが，一般的にはストーカ炉（図3.2）といわれるものが用いられる。これはしっかりした金網の上で木を燃やすもので，燃えた後の小さくなった炭と灰は金網の目から落ちて回収され，一方で，消費された分だけの原料の木は連続的に供給される。

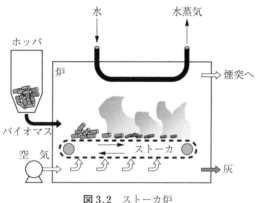

図3.2 ストーカ炉

製糖工場で，サトウキビの絞りかす（バガスと呼ぶ）を燃やして発電したり，建設発生木材から発電を行う場合に用いられている。また，大きな製材工場などでは乾燥した廃材が大量に発生するので，大規模に用いられている。

規模が大きくないと効率が上げられないという問題があり，導入されるのは大規模な場合が一般的である。タイで大規模な籾殻発電などが行われているが，10万kW程度で30％程度の効率である。例えば，100 kW程度の発電量では効率は数％程度しかない。

3.2 エネルギー副産の手法   83

　以前から，岡山県真庭市の銘建工業など，大規模な製材所では省エネルギー
の一環として自社で発生する廃材を原料とした発電を行ってきていた。その
後，RPS（renewable portfolio standard，再生可能エネルギー利用割合基準）
制度によって電力会社が販売電力の一定量を再生可能エネルギー由来のものと
することが義務付けられると，木質バイオマスからの発電を行って，これを電
力会社に販売することも行われるようになった。その時の売電価格は，通常の
発電単価に基づいて決められ，およそ 10 円 /（kW·h）程度といわれている。

　近年，再生可能電力の固定価格買取制度が導入され，木質バイオマスを含め
た再生可能エネルギー由来の発電分は所定の価格で電力会社が買い取らなくて
はならなくなった。その価格は政府の委員会が導入状況を踏まえて決定するこ
ととなっているが，導入時（2012）年の税抜き価格で間伐材等由来の木質バイ
オマスが 32 円 /（kW·h），一般木質バイオマス・農作物残渣が 24 円 /（kW·h），
建設資材廃棄物が 13 円 /（kW·h），一般廃棄物その他のバイオマスが 17 円 /
（kW·h）となっている。しかも，20 年間この金額で買取が義務付けられてい
るため，発電側には RPS の場合よりもずっと高い価格で安定して販売するこ
とができるメリットがある。

　なお，間伐材等由来の木質バイオマスとは間伐材，主伐材である。ただし，
「発電利用に供する木質バイオマスの証明のためのガイドライン」に基づく証
明のないものについては，建設資材廃棄物として取り扱うこととなっている。
また，一般木質バイオマス・農作物残渣には，製材端材，輸入材が含まれてい
る。建設資材廃棄物は建設資材廃棄物，その他木材であり，一般廃棄その他の
バイオマスには，剪定枝・木くず，紙，食品残渣，廃食用油，汚泥，家畜糞
尿，黒液が含まれる。森林利用の観点からは，間伐材など由来の木質バイオマ
スが該当することになるが，上述のとおり，規模が大きいほど効率は高くなる
ため，他の種類の木質バイオマスと一緒に燃焼することも考えられる。この場
合には，それぞれのバイオマス由来の発電量を計算し，それぞれの金額で収入
を得ることになる。

84   3. エネルギー副産による経済性向上

3.2.7 混　　　焼

　木を燃焼して発電するときに，直接燃焼発電で木質バイオマスのみを燃焼する場合にはどうしても規模が小さくなり，効率が高くならず，また，設備コストが高くなって経済的に成立しにくい問題がある。そこで，大規模な燃焼発電を行う工夫として，既存の石炭火力発電で，石炭に混ぜて燃焼，発電を行うことが考えられた。これが混焼と呼ばれる発電法である。混焼に対して木質バイオマスだけを燃焼する場合を専焼と呼ぶ。

　混焼の利点の一つは，発電設備そのものを新しく作る必要がないことである。発電設備そのものを立ち上げるには大きなコストが必要となり，その回収のために時間もかかる。事業を成立されることが容易ではない。混焼の場合には，木質バイオマスの処理設備のみを追加すればよく，ほとんどコストがかからない。

　もう一つの重要な利点は，発電効率が高いことである。直接燃焼発電では，木質バイオマスの量が少ない場合，発電効率が数％しか得られない。高い値段で電力を買い取る制度があっても，発電電力量が少なくてはほとんど経済的なメリットが得られない。しかしながら，混焼の場合にはすでに40％近い効率で発電が行われているところに木質バイオマスを加えるものであり，木質バイオマスから発生した熱も，少量であっても効率40％で発電に用いることができる。

　これらの理由から，混焼発電はRPSへの対応として各電力会社が導入を進めてきた。東北電力能代発電所，中部電力碧南発電所，北陸電力敦賀発電所ならびに七尾大田発電所，関西電力舞鶴発電所，中国電力三隅発電所ならびに新小野田発電所，四国電力西条発電所，九州電力苓北発電所，沖縄電力具志川発電所ならびに電源開発松浦発電所で行われている。雲が出たら発電が止まる太陽光発電や，風が止んだら発電が止まる風力発電などの他の再生可能エネルギーと比べて，木質バイオマスは変動性がなく，安定して発電ができるメリットもある。森林バイオマスのみではないが，2013年度に混焼に用いられたバイオマス量は全体で30万トン程度と推計される。

なお，RPS を定めていた法律は固定価格買取制度を定めた法律の制立とともに廃止になっているが，RPS 制度そのものは固定価格買取制度を定めた法律の中に残されており，現在も各電力会社は混焼を行っている。一方，これらの電力会社以外の会社が混焼を行った場合には，バイオマスの発熱量分に相当する発電量を固定価格買取制度分として販売することができる。

現在，石炭に混ぜるバイオマスの量は，質量割合で多くても数％，エネルギー量割合では 1％を切ることも多い。これは，バイオマスが集めきれないことと，バイオマスが多すぎると粉砕がスムーズに行かないためである。粉砕については半炭化によって粉砕性を高める工夫などがなされている。

3.2.8 ガス化発電

専焼においても，混焼でも，少しでも多くの木質バイオマスを集めて利用できれば，それだけ再生可能電力が得られるために有利となる。しかしながら，日本では多くの木質バイオマスを集めることは必ずしも容易ではない。このため，規模が小さくても効率良く発電できる技術の開発も進められている。

そのためによく議論されるのがガス化技術である。燃焼するには不十分な空気の中で木質バイオマスを加熱するとバイオマスの熱分解が進行して可燃性のガスが得られる。その主成分は，水素，一酸化炭素，メタンなどである。このようにして木をガスにすれば，効率良く発電することができる。

例えば，自動車のエンジンと同じようなガスエンジンを使えば，100 kW 程度の発電出力であっても 30％近い高い効率で発電することができる。直接燃焼発電では数％程度であることを考えれば，きわめて高効率であることがわかる。ガスタービンの小型版であるマイクロガスタービンでも同じような効率が期待できる。また，燃料電池であれば理論的には 100％近い効率が得られ，実際でも 50％近い効率が得られる。

これらの技術を使うには，バイオマスを効率良くガスにすることが必要である。通常，ガス化の効率は大規模なものであれば 70 〜 80％が期待できるので，30％のガスエンジンで発電した場合，総合効率は 21 〜 24％となる。残念

86   3. エネルギー副産による経済性向上

ながら，ガス化装置ならびに発電装置のコストがまだ高く，広く実用化される
状況にはなっていない。

3.2.9　その他の技術

木質バイオマスから燃料を生産したり，木質バイオマスをエネルギー変換の
原料として提供する方法は，ほかにも考えられる。例えば，ガス化した後，液
体燃料を合成する方法も検討されており，メタノール，ジメチルエーテル
（DME），炭化水素油（正式にはフィッシャー・トロプシュ油）などの合成が
提案されている。また，木の主成分であるセルロースを加水分解してグルコー
スとし，これを発酵させてバイオエタノールを得ることも検討されている。し
かしながら，ある程度の規模がないと経済性を出すことは困難であり，実際に
広く用いられている状況にはない。

3.3　可　　能　　性

木質バイオマスをエネルギー利用することによって，日本の森林経営を支え
ることはさまざまなところで議論されている。海外では大量の木質ペレットが
製造され，これが国際取引されて途上国の収入にもなっている。国内でも切り
捨て間伐によって生成する材を，放置して自然災害の拡大につなげるよりも，
回収してエネルギー利用を行うべきであるという議論もなされる。3.2節で述
べたエネルギー利用技術によってどの程度の可能性が得られるのであろうか。

3.3.1　エネルギー生産に伴う経済収支

木材に限らず，各種のバイオマス資源をエネルギー利用する場合に問題とな
るのは，エネルギー資源価格の安さである。同じ素材を，食料，原料，燃料と
して利用する場合，この順序で単価が安くなる。1 kg の値段で考えてみよう。

食品として利用される米，野菜，肉の 1 kg 当りの価格はどのくらいだろう
か。米は 10 kg で 3 000 円程度なので，300 円/kg と考えられる。キャベツは

価格の変動は激しいが，1玉で0.5 kgで200円として400円/kg，ジャガイモは1 kgで200円程度である。果物は多少高めで，種類によるがバナナは400円/kg，リンゴで600円/kg，イチゴは1 500円/kg，ブドウは2 500円/kg程度となる。一方，冷凍のサケは産地によるが2 500円/kg，マグロで4 000円/kgする。鶏肉は1 000円/kgを切るものからあるが，高くて2 500円/kg程度である。豚だと安くて2 000円/kg，高くて3 500円/kg。牛肉はピンからキリまであるが，安いもので3 000円/kg，高いもので10 000円/kgを超える。目安として，野菜や米は数100円/kg，肉や魚は数1 000円/kgと考えてよさそうである。

これに対して，原料として利用する場合にはもっと安価な場合が多い。図1.7に示した製材品価格では4万円/m^{3}であるが，ティータイムで述べたように0.5トン/m^{3}とすれば，8万円/トン，すなわち80円/kgとなってしまう。もちろん，高級材となればこれより1桁以上高い価格で取引されることもあるが，それでも野菜と同じ値段となる。

燃料の価格はさらに安いことが多い。これは，大量に安価に得られる石油と競合するためであり，発熱量で議論することになる。熱が必要な場合に，重油を用いる場合と木材を用いる場合で比較しよう。重油は40 MJ/kg程度の発熱量を持っており，100円/L程度の価格で購入できるが，密度が800 kg/m^{3}程度であるので125円/kg程度となる。木材の発熱量は完全に乾燥させた後では20 MJ/kgで，重油の半分程度なので，同じ発熱量を得るには重油の倍の重量が求められる。重油と競合するために発熱量当りの価格を同じとすれば，60円/kgでしかない。実際には，含水率があってより多くの質量が必要になったり，手間がかかるだけより安価でなければ受け入れられないことなどがあって，より安価で取引される。木質ペレットも30〜50円/kgというのが一般的な価格である。

このことから，森林資源を経済的に有効利用しようとすれば高級材として利用することが経済的には最も有利であるが，それでも同じ重量の野菜や肉と比べれば重量当りに1桁安い金額でしか売ることができない。エネルギーとして

販売するなら，さらに安価な価格でしか売れないため，経済的にはせっかく育てた森林をエネルギー利用することによって損することにもなりかねない。日本の森林の生産量を5トン-dry/(ha・年)とすれば，生成する木材をエネルギー利用して1ha当りで年間に得られる収入は，50円/kg-dryだったとして25 000円しかない。生活していくために一人の年収が少なくとも250万円必要とすれば，1 km^{2}の森林を一人で管理して製品の生産から配達までこなさなければならないという計算になる。とても現実的ではない。

このことから，エネルギー利用を用いた森林経営を考えるのであれば，エネルギーを主要製品にするのではなく，主要製品は材木として，副産物として発生する残渣をエネルギー製品として利用することにより，副収入とすることを考えることが妥当であることがわかる。林地残材を山に残すのではなく，これを山から下ろしてきて乾燥，加工して燃料とし，50円/kg-dryで販売することによって副収入とすることが考えられる。具体的な対象としては切り捨て間伐によって切り倒された木や，主伐に伴って発生する末木枝条といった細くて利用できない部分である。もっとも，これらの部分を山から下ろして乾燥，加工するために副収入以上の経費がかかってしまっては意味がない。

同じ燃料利用をするのであっても，できるだけ手をかけずに，少しでも経済的な効果を得る方法が求められる。そのためには，自分のところで燃料利用を行い，燃料削減をすることができれば，それが最も経済的である。自分のところで利用するのであれば，細かい加工や配達は不要となり，しかもこれまで高い値段で購入している最終製品を購入しなくて済むために差し引きの利益を大きく取ることができる。このことはバイオマスエネルギーの分野ではよく知られており，例えば電力利用についていえば以下に述べるFIT（feed-in tariff，固定価格買取制度）の仕組みが導入されるまでは，バイオマスで発電した電力を自分のところで利用して，電力会社から購入する電力を削減することが，売電を行うよりも経済的に有利なしくみとなっていた。

3.3 可　能　性　　89

3.3.2　電気か熱か

　木質バイオマスの有効なエネルギー利用を考える上で，よく行われる議論に「熱利用がよいか発電利用がよいか」というものがある。前節で述べたように，バイオマスのエネルギー利用には多くの技術と可能性がある。これらは，その場の規模や得られるバイオマスの種類，求められるエネルギーニーズなどを考慮して最適なものを選択していくことになるが，技術の完成度とニーズの汎用性からは直接燃焼をして熱利用をする場合と発電利用をする場合が現実的なことが多い。発電の場合には，一度木質バイオマスを燃焼して熱を得，この熱を用いてスチームタービンを回したり，バイオマスをガス化して得られたガスでガスエンジンを回したりして電力を得る。

　今回のバイオマスブームは 2000 年頃に始まっているが，そのころの検討では熱利用は俎上にも上がらなかった。これは，その頃の原油価格がきわめて安かったからである。2015 年現在で原油価格はバレル当り 60 ドル程度であるが，2000 年ごろは 10 ドル程度であった。このため熱として利用しようとしても，競合相手となる原油がきわめて安く，絶対に競争力が得られない状況であったのである。一方，電力は石油ショックの後，原油からの発電は避けるという世界的な動きがあり，国内でも石油に頼りすぎない意味からおもに石炭が広く用いられていた。火力発電の場合には，電力価格にしめる原料コストは半分以下であり，残りは設備費や送配電に求められる費用であり，この点でもバイオマスを原料とした電力は，他の電力と比べてまだ競争力を得やすい状況とすることが可能であった。ただし，電力業界はバイオマスの導入に必ずしも積極的ではなく，その買取価格は化石燃料を基本とした発電価格と同じ値段であったため，発電した電力を売ることによって利益を出すことはほとんど不可能な状況であった。

　電力価格は基本料金と従量料金からなっているが，おおよその数字で表せば家庭用が 25 円/(kW·h)，工場用が 20 円/(kW·h) 程度である。この半分が発電価格であるが，安価な石炭などを用いた場合には 5 ～ 8 円/(kW·h) 程度の値であり，バイオマスで発電した電力を電力会社が購入する場合にはこの値

90　　3.　エネルギー副産による経済性向上

段しか提示してもらえない状況だった。このため，大規模にバイオマスを利用する産業において，残渣を用いて発電を行い，自社の電力需要を賄うために発電設備を導入する，というのが一般的なバイオマス発電となっていた。製紙工場では，原料のチップからパルプをつくるが，そのときに副産物として発生する黒液を用いて発電し，工場の電力需要を賄った。また，大規模な製材会社において端材を用いて発電をして，自社の電力需要を賄う事例もあった。自社の電力を賄えば，20円/(kW·h)の経費削減につながるため，5〜8円/(kW·h)で売るよりも経済効果が高く，廃棄物処理コストの削減分も合わせればなんとか設備の導入コストを含めても採算がとれる状況であったのである。

　この状況下で，2001年からバイオマスの導入を進める政策をとった日本政府は最も効率的なバイオマスの利用の一つが混焼であると判断，電力会社に発電の一定割合を再生可能エネルギーで賄うことを義務付けるRPSシステムを導入した。電力会社にとって再生可能エネルギーの中でもバイオマスは安定して発電をすることができ，また，既存の火力発電所に混ぜて燃焼すればよいので導入しやすい原料であったが，自社の発電設備に導入するには大量のバイオマスが必要であり，他の事業者がバイオマスで発電した電力を購入することで一部を賄うことも視野に入れた動きが始まった。しかしながら，このときでもRPSに対応するための付加価値は2円/(kW·h)程度であり，5〜8円/(kW·h)のものが7〜10円/(kW·h)程度で売れるようになったにすぎず，すでに自社用に発電していた会社が，余剰に発電できた分をRPS対応電力として電力会社に売るといった形態が主であった。

　この間，原油価格は大幅に上昇し，一時40ドル/バレルで安定したが，その後，さらに上昇を続け80ドル/バレルまで上がって安定した。熱需要に求められる重油価格も連動して上がり，バイオマスによる熱利用は経済的に成立する可能性が高くなってきた。もともと廃棄物系バイオマスであれば原料費はただか，または処理コスト分の収入となっていたため，条件が良ければ熱利用も経済的にできないことはなかったが，その例はきわめて限られていた。これが，原油価格の上昇とともに，経済的に利用できるバイオマスの範囲が広がっ

ていったのである。熱利用が発電利用と比較して有利であるのは，導入設備の
コストが発電設備に比べて安く，また経済的に導入できる規模が発電と比べて
も小さいことである。そもそも，国内のバイオマスをエネルギー利用のために
収集しようとしても，数トン / 日程度しか集まらないのが一般的である。発電
利用しようとしても，必要な原料がとても集められず，発電規模も大きくしな
いと経済的に成立しないために導入ができないことが多かったが，そのバイオ
マスを有効に利用しようとしていた人々にとっては，熱利用で経済性が出てき
たことは福音であり，発電利用よりは熱利用をするべきであるという意見も強
まっていった。

　この傾向は原油価格の上昇が進むほど強まるが，80 ドル / バレルでは必ず
しも経済的に導入が広く進む状況にはないようである。一方，一時，原油価格
が 100 ドル / バレルを超えたときには木質ペレットを用いた給湯設備や温室栽
培において大きな経済性が出るという状況であった。原油価格はその後大幅に
下がり（45 ドル / バレルまで下がったこともあった），必ずしも経済的な導入
が広い範囲でできる状況にはない。直近（2017 年 11 月）では原油価格は上昇
傾向にあるが，それでもまだ経済性の出る状況にはない。

　電力利用のほうでは，バイオマスの導入が進まないことから 2012 年に固定
価格買取制度が導入された。これは，バイオマスを利用して発電をする認定を
受けた事業者は，必ず一定の期間，決められた金額で発電した電力を電力会社
に買い取ってもらえるという法律で，バイオマス発電電力の買取価格が従来よ
りずっと高い価格に設定された。最も高いものはメタン発酵によるもので税抜
きで 39 円 / (kW·h) であったが，林地残材を含む未利用バイオマスを原料と
した場合にも 32 円 / (kW·h) の買取価格が設定された。このほか，一般木材
は 24 円 / (kW·h)，一般廃棄物は 17 円 / (kW·h)，リサイクル木材は 13 円 /
(kW·h) である。RPS の 7 〜 10 円 / (kW·h) と比べると，きわめて強いバイ
オマス発電導入のインセンティブとなっており，これによって，国内でも多く
のバイオマス発電事業の検討と導入が進められるようになっている。さらに，
2015 年には間伐材などに由来する木質バイオマスを用いた 2 MW 未満の小規

模発電の場合に 40 円／(kW·h) の価格が設定され，さらに森林からのバイオマスのエネルギー利用を促進するインセンティブが導入されている。

　熱利用の導入を推進したいと考えている人々からは，熱利用にも固定価格買取制度を導入するべきだという声も上げられているが，比較的政府が価格を制御しやすく，また，広く電力料金に上乗せした形で固定価格買取用の予算を回収できる電力に対して，熱利用について固定価格買取を導入することは容易ではない。また，熱利用を進めようとする団体や事業者は比較的小規模であり，導入の政策的効果にも限界があることが予想される。さらに，原油価格の影響を直接受けやすい熱事業は，事業の先読みがしにくく，固定価格はその事業の安定性を高めるものの，その逆に政府が負担する必要がある機会損失が大きくなる可能性が高い。例えば，熱の買取価格を原油価格で 80 ドル／バレル相当に設定したとすれば，60 ドル／バレルの原油価格になったときには国民はその恩恵が受けられたはずなのに，固定価格買取の分だけは余計な出費を強いられることになる。これらの点から，熱の固定価格買取は困難と予想される。

　なお，この議論に関連していくつか補記をしておく。熱利用を推進する人々がよく指摘することに，「熱は効率 90 ％で利用できるが，電気は高くても発電効率が 40 ％しかない」ということがある。この議論は，「バイオマスを有効利用するという点では熱のほうが理にかなっている」というために用いられることが多いが，エネルギー的には電力のほうが質が高く，ヒートポンプを用いれば電力エネルギーの単位量から 5 〜 6 倍の熱を得ることも可能であることを見落としている。また，発電に伴って出る熱を利用するコージェネレーション（以下，コジェネ）を用いれば全体の利用効率を 90 ％とすることも十分に可能である。経済的には，発生するエネルギーのすべてを熱の価格でしか売れないのか，一部でもより高価格な電力として売れるのか，という観点からは発電のほうが収入は高く設定できる。もちろん，導入設備コストは発電設備のほうが高いので，事業全体を通して議論するべきであり，熱か電気かという議論はあまり意味がない。

　また，熱利用をするときに気を付ける必要があるのは，需要と供給のマッチ

ングと暖機損失である。バイオマス原料が発生する時期と，熱が必要となる時期が一致していないと，熱利用設備をフルに利用することができず，高価な導入設備の稼働率が下がってしまうため，経済的な運転が難しくなる。また熱は貯蔵がきかず，輸送も困難である。さらに，規模が小さいと毎日装置を立ち上げて，夕方には停止して帰るという運転が一般的になるが，立ち上げるときに装置を暖めるのに熱量が無駄に使われ，停止のときに装置にたまっている熱量が有効利用できない問題がある。規模が小さく，需要が限定的であるほどこの損失は大きくなり，場合によっては熱利用なのに効率は50%に達しないこともある。

3.3.3 エネルギー利用による森林経済性向上の可能性

　現在の状況で最も可能性のある森林バイオマスのエネルギー利用法として，林地残材を用いてコジェネ発電することを考えて概算を行ってみよう。平成27（2015）年に導入された小規模バイオマス発電による固定価格買取制度を適用し，林地残材によって2 MW の発電をすることを考える。この場合，年間に300日発電所を稼働すると，1 440万 kW·h の発電が可能となる。これを40円/（kW·h）で売電すれば，5億7 600万円の収入となる。

　一方，この発電のために必要なバイオマス量を確認する。2 MW の規模だと通常の直接燃焼発電の場合に発電効率が15%程度なので，年に発熱量として346 TJ，質量として17 280トンの木質バイオマスが必要となる。これは，1日に58トンに相当する。日本のバイオマスの生産速度は上述したとおり5トン/（ha·年）程度で，林地残材として得られるのがこの1/3だったとして，1.6トン/（ha·年）である。持続可能な形でこれだけの林地残材を得るには，森林面積として100 km^2 が必要となる。1 km^2 当りでは576万円の収入である。上記の250万円に比べれば，1/3の量の林地残材だけで倍の収入が期待できることになる。

　この金額が，従来の森林収入に加えて得られることになる。ただし，このなかから林地残材を取り出す作業ならびに発電設備の導入コスト，運転コストな

94   3. エネルギー副産による経済性向上

どを捻出する必要がある。その上で，森林本来の素材生産ときのこなどの副産
物生産に加えてこの発電収入を入れて経済的なシステムが構築できるかどうか
が鍵となる。

　注意しておかなくてはならないのは，このシステムは日本全体に広げること
ができないということである。日本の森林面積は24万 km^2 であるが，このす
べてに 100 km^2 ごとに 2 MW の発電設備を導入すると，全部で 2 400 か所の小
規模発電所を設置することになる。その発電量は全体で 350 億 kW·h となる。
これを導入すると，日本の発電電力量 1 兆 kW·h 程度の 3% に 40 円／(kW·h)
の固定価格の電力購入をかけることになる。これは 3% の電力を倍の値段で強
制的に国民に購入させていることに相当するが，結果として電力価格が 3% 押
し上げられることになる。原子力発電所の停止によって電力の値上げが一部で
進んでいるが，さらに 3% の値上げが入ることになり，それだけ日本経済に与
える影響が大きくなる。本来固定価格買取の目標は，高い買取価格の設定に
よってその技術の導入を進め，その結果として再生可能電力のコストを下げる
ことにある。実際，普及が十分に進んだ太陽光などは買取価格の低下が進めら
れている。

4 法律に基づく政策や規制

　日本の森林を持続させながら活用するうえで，把握し，配慮，遵守しなければならないものとして，法律や条令がある。

　国が定める法律は企業や個人が守らなければならない決め事（規制）のほかに，行政が行う施策の根拠になっており，これらに基づいて，詳細を示した政令（施行令）や省令（規則）が制定（閣議決定）され，規制や政策が実施される。また，政府（内閣）が閣議で政策における基本方針や計画などを決定している。この閣議決定されるものには全国森林計画も含まれている[1]。

　一方，地方自治体が制定する条例には，法律や政令などを受けて作成されるもののほかに，独自のものもある。森林（あるいは森）づくり条例などが多くの自治体で制定されている。

　森林，林業行政を司る国の機関は農林水産省の外局である林野庁である。その設置は「国家行政組織法（昭和23（1948）年7月10日制定）」に基づいた「農林水産省設置法」により設置されている。同法のなかで「林野庁は，森林の保続培養，林産物の安定供給の確保，林業の発展，林業者の福祉の増進および国有林野事業の適切な運営を図ることを任務とする」とされている。

　本章では，森林，林業および木材利用に関連する法律と，それらに基づく行政上の規制や補助など政策について紹介する。なお，法律等については，電子政府の総合窓口「イーガブ」上の法令検索[2]を参照している。また，廃止法案などは「法なび検索」[3]も参考にした。

　またその当時の情勢や政策については，昭和39（1964）年から林業基本法

96　　4.　法律に基づく政策や規制

に基づき国会に提出している，林業の動向に関する年次報告，林業白書[4]を用いた。加えて，関連書籍のほか，林野庁のホームページも参考にした。

　以降の表現の多くは文献に基づくものも多く，読みにくい箇所もあると思うが，ご容赦を願う。なお，本文の記述がいつごろのことなのか，**表 4.1** に示した戦後の日本のおもな出来事と照らし合わせて参考にしていただければ幸いである。

⬥─────◆ ティータイム ◆─────⬥

林業と林産業，林産物と特用林産物

　森林は多くの恵みを与えてくれるが，最も代表的なのが木材であり，その生産を目的とした産業が林業である。そして，生産された木材を活用できるように加工等をする産業が林産業であり，林産業は木材産業とほぼ同じ意味として使われる。

　林産物は森林から得られる産物で，木材のほかにキノコや山菜，木炭などを含む。特用林産物は林産物から木材を除いたもので，ほかにワサビや漆なども含まれる。また，竹や桐材，薪も特用林産（物）として扱われている[5]。

　なお，キノコは近年，特用林産物の生産額の 3/4 以上を占めるが，その多くは菌床栽培となっている。菌床と呼ばれる培地には木材由来のオガ粉（鋸屑）に米ぬかや栄養添加剤が用いられ，調整・殺菌された培地に種菌を植え，温湿度，照明を管理して栽培し，収穫するといった，農業的なものであり，集荷も農協を通している場合も多い。また最近では，エノキタケなどの栽培には，コストを下げるなどの意味でオガ粉ではなく，コーンコブ（トウモロコシの芯）が用いられるようになっている。

　学問としては林学と林産学があり，林産学も元は林学の一部であった。最近は再び一緒になり森林科学などと称されるようになっている。その研究内容を北海道大学の林産学科設立時の講座名で紹介すると林学系の造林学，森林経営学，林政学，砂防工学，森林保護学，林産学系の木材理学，木材加工学，木材化学，林産製造学であった[6]。

4. 法律に基づく政策や規制 　97

表 4.1　戦後の日本のおもな出来事

年	出　来　事
昭和 21 (1946)	GHQ の指示により公共事業制度が開始
昭和 25 (1950)	国土緑化推進運動の展開，「緑の羽根募金」の開始，全国植樹祭が都道府県の持ち回りで以降毎年実施
昭和 26 (1951)	森林法制定，施行。関税改正で南洋材丸太は無税，その他もキリを除いて 1961 年までに撤廃
昭和 31 (1956)	国際連合加入，貿易および為替取引の段階的自由化が開始 (1964 年に全面的に自由化)
昭和 32 (1957)	このころから拡大造林が始まる (昭和 40 年代半ばまで)
昭和 34 (1959)	伊勢湾台風，日本建築学会「建築防災に関する決議」で防火，台風水害の観点から木造禁止を提起
昭和 35 (1960)	日米安全保障条約発効，安保反対闘争起こる
昭和 39 (1964)	木材輸入の完全自由化，林業基本法の制定，林業白書が始まる東京オリンピック開催，林業構造改善事業開始 (林業基本法に基づいて)
昭和 45 (1970)	大阪万博開催
昭和 47 (1972)	札幌オリンピック，沖縄返還
昭和 48 (1973)	第 1 次オイルショック，木質建材認証勧告制度 (AQ 制度) 開始，木材需要量および住宅着工戸数ピーク
昭和 49 (1974)	木材備蓄対策事業開始 (平成 2 年度で廃止，備蓄材は売却)
昭和 54 (1979)	第 2 次オイルショック
昭和 56 (1981)	基幹林業作業士 (グリーンマイスター) 認定登録事業開始
昭和 59 (1984)	分収育林制度創設，「緑のオーナー」の募集開始。平成 11 年度以降は募集を休止
昭和 61 (1986)	バブル景気 (〜 1991 年ごろまで)
昭和 62 (1987)	国鉄分割民営化
平成 元 (1989)	消費税法施行 (税率 3%)，ベルリンの壁崩壊，木材自給率 3 割を切る
平成 3 (1991)	バブル崩壊 (〜 1993 年ごろ)
平成 7 (1995)	阪神・淡路大震災，地下鉄サリン事件，Windows95 発売
平成 9 (1997)	地球温暖化防止京都会議 (COP3) 開催，京都議定書採択，消費税 5% に増税
平成 10 (1998)	長野オリンピック開催，持続可能な森林経営に資する森林認証・ラベリングへの取組開始，国有林の抜本的改革スタート
平成 11 (1999)	国有林の組織改変 (営林局，営林署から森林管理局，森林管理署へ)，東海村 JCO 臨界事故
平成 12 (2000)	木材自給率 2 割を切る
平成 12 (2000)	林政改革大綱及び林政改革プログラムが公表され，林業基本法の改正案が提出される
平成 13 (2001)	林業基本法から森林・林業基本法へ，林野三法の制定
平成 14 (2002)	サッカーワールドカップ 日韓大会開催
平成 15 (2003)	緑の雇用事業開始
平成 17 (2005)	京都議定書発効
平成 20 (2008)	リーマンショック
平成 21 (2009)	自民党から民主党へ政権交代 (2012 年まで)，農林水産省が森林・林業再生プランを公表
平成 22 (2010)	公共建築物等木材利用促進法，国会全会一致による成立
平成 23 (2011)	東日本大震災，福島第一原子力発電所事故
平成 24 (2012)	再生可能エネルギーの固定価格買取制度 (FIT) スタート，再び自民党へ政権交代 (第 2 次安倍内閣)
平成 25 (2013)	木材利用ポイント事業を実施
平成 26 (2014)	(26 年ぶり) 木材自給率 3 割台に回復，消費税 8% に増税
平成 28 (2016)	熊本地震，イギリスが EU 離脱を表明
平成 29 (2017)	改正 FIT 法施行

4.1 関連する法律

表 4.2 に関連するおもな法律を示す。

森林・林業に関しての中心となる法律に，「森林法」および「森林・林業基本法」がある。森林法は昭和 26（1951）年成立となっているが，明治 40 年法律第 43 号として「森林法」が存在しており，旧法と新法とを区別し，その移行のため「森林法施行法 抄」も新法と同時に施行されている。

一方の森林・林業基本法は，昭和 39（1964）年の成立時は「林業基本法」であった。林業基本法は制定から 37 年を経て，林業情勢の変化や森林に対する要求が強まったことから，林業だけではなく，森林の持つ多面にわたる機能を持続的に発揮させるための政策へと転換を旨として平成 13（2001）年に改正された。その際，名称も改められ，頭に「森林」が付け加えられた[7]。この法改正は，形式的には一部改正であるが，法律全般に及ぶ改正であり，実質的には新しく制定された基本法に等しい[8]。

森林・林業基本法は，全体にわたって施策を定めるものであり，森林法の上位に位置付けられ，基本法に定める施策の一部を森林法で具体的に担う。

森林および林業に関する施策は，これらに基づき総合的かつ計画的に推進している。加えて，その時代背景に合わせ「林業労働力の確保の促進に関する法律」，「森林の間伐等の実施の促進に関する特別措置法」などが制定されるとともに，それぞれの法律も，随時改正されている。

同じ分野の法律をまとめて「〜三法」と呼ばれるものがいくつかあるが，林業関係にもあり，平成 8（1996）年に制定された「林業改善資金助成法及び林業等振興資金融通暫定措置法の一部を改正する法律」，「林業労働力の確保の促進に関する法律」，「木材の安定供給の確保に関する特別措置法」を林野三法と呼んでいる。これらの法律の制定にあたり，平成 7（1995）年に「新しい林業・木材産業政策に関する懇談会」を設け，林業経営，林業事業体，木材産業が抱える課題と施策のあり方について，相互の有機的関係を明らかにしつつ，

表 4.2 森林、林業および木材利用の関連法（一部）

法律の名称	略称	成立日	最終改正日	廃止・失効	関連内容
大正9年法律第7号（公有林野官行造林法）→公有林野等官行造林法（昭和31年）		大正9年7月27日	昭和31/3/17	昭和36/5/19	森林整備
戦時森林資源造成法→森林資源造成会計法（昭和20年）		昭和20年4月4日	昭和23/7/16	昭和57/7/23	森林整備
国有林野事業特別会計法		昭和22年3月31日	昭和18/3/31	平成19/4/1	国有林
造林臨時措置法		昭和25年5月4日			森林整備
農林物資の規格化及び品質表示の適正化に関する法律	JAS法、ジャス法	昭和25年5月11日	平成25/6/28		木材
建築基準法		昭和25年5月24日	平成25/6/14		国有林
国有林野の管理経営に関する法律		昭和26年6月23日	平成24/6/27		国有林
国有林整備臨時措置法		昭和26年6月23日		公布後3年	基本
森林法		昭和26年6月26日	平成24/6/27		基本
森林法施行令 抄		昭和29年5月1日	平成15/5/30	平成16/3/31	森林整備
保安林整備臨時措置法		昭和33年4月15日	平成23/6/24		森林整備
分収林特別措置法		昭和38年3月30日	平成10/10/21		森林組合
森林組合合併助成法		昭和39年7月9日	平成20/5/23		基本
林業基本法→森林・林業基本法（平成13年）		昭和40年5月11日	平成23/8/30		地域
山村振興法		昭和46年6月10日	平成24/6/27		国有林
林業・木材産業改善資金助成法	林業改善資金助成法	昭和51年5月1日	平成15/5/30		資金
森林組合法		昭和53年5月1日	平成23/6/24		森林組合
林業経営基盤の強化等のための資金の融通等に関する暫定措置法	林業振興資金暫定措置法	昭和54年6月28日	平成23/8/30		資金
森林の保健機能の増進に関する特別措置法		平成元年12月8日	平成23/4/22		機能
特定農山村地域における農林業等の活性化のための基盤整備の促進に関する法律	特定農山村法	平成5年6月16日	平成23/8/30		地域
緑の雇用による森林整備等の推進に関する法律		平成7年5月8日	平成23/6/24		森林整備
木材の安定供給の確保に関する特別措置法	木材安定供給確保特別措置法	平成8年5月24日	平成23/6/24		木材
林業労働力の確保の促進に関する法律		平成8年5月24日	平成23/6/24		労働
地球温暖化対策の推進に関する法律	地球温暖化対策推進法	平成10年10月9日	平成23/5/31		環境
国有林野事業の改革のための特別措置法		平成10年10月19日	平成20/12/26	平成25/4/1	国有林
農山漁村設置法		平成11年7月16日	平成25/6/28		林野庁
国等による環境物品等の調達の推進等に関する法律	グリーン購入法	平成12年5月24日			環境
建設工事に係る資材の再資源化等に関する法律	建設リサイクル法、建設資材資源化法	平成12年5月31日	平成23/8/30		木材
森林の間伐等の実施の促進に関する特別措置法		平成20年5月16日	平成25/5/31		森林整備
農林漁業有機物資源のバイオ燃料としての利用の促進に関する法律	農林漁業バイオ燃料法	平成20年5月28日	平成24/2/9		燃料
長期優良住宅の普及の促進に関する法律		平成20年12月5日	平成23/4/28		木材
公共建築物等における木材の利用の促進に関する法律	公共建築物等木材利用促進法	平成22年5月26日			木材
地域資源を活用した農林漁業者等による新事業の創出等及び地域の農林水産物の利用促進に関する法律		平成22年12月3日			地域

林業・木材産業の将来の発展方向について検討し，報告書として取りまとめられた[9]。報告書は2部構成で，「我が国の森林，林業・木材産業の現状と課題」，「林業・木材産業の課題に対する検討事項」からなり，検討事項は ① 林業経営対策，② 林業労働力，林業事業体対策，③ 木材産業対策となっていて，三法はこれら検討事項に対応したものとなっている。これらの法律は，21世紀に向けて国産材時代を迎えるにあたり，日本の林業・木材産業を取り巻く厳しい状況を打開し，国産材が外材に対抗し得るような林業・木材産業の育成を支援するため，林業経営体の経営基盤の強化（金融），労働力の確保，木材の安定供給を目的としたものであり[10]，その後の施策に反映されることになった。

これら以外に森林，林業に関する法律として，密接な関係のあるキーワードに樹木，木材，林産業，山村などが挙げられ，これらは林野行政に影響するもので，表4.2に示したように法制化されているものもいくつもある。

さらに，最近では環境も大きく関連するようになった。その代表的な例が，気候変動に関する国際連合枠組条約の京都議定書の批准に基づく「地球温暖化対策の推進に関する法律」であろう。この地球温暖化対策推進法では，第5章に「森林等による吸収作用の保全等」を掲げ，第28条は京都議定書目標達成のため森林・林業基本法に基づき，温室効果ガス吸収作用の保全と強化に触れている。また，「国等による環境物品等の調達の推進等に関する法律（グリーン購入法）」に基づく「環境物品等の調達の推進に関する基本方針」には，紙や文具に間伐材製品などが盛り込まれている。

以降，これらの法律の中から，特に林業行政にとって重要なものについて具体的な内容に触れる。

4.1.1 森　林　法

本法律は，森林計画，保安林その他の森林に関する基本的事項を定めて，森林の保続培養と森林生産力の増進とを図り，もって国土の保全と国民経済の発展に資することを目的としている。

具体的な内容は，第1章「総則」，第2章「森林計画等，営林の助長と監

督」，第3章「保安施設（保安林など）」，第4章「土地の使用」，第5章「都道府県森林審議会」，（第6章削除），第7章「雑則」（林業普及指導員や調査，情報など），第8章「罰則」となっている。

　総則で，森林とは，「① 木竹が集団して生育している土地およびその土地の上にある立木竹，② 前号の土地の外，木竹の集団的な生育に供される土地」，国が所有者である森林を「国有林」，それ以外（私有林と公有林）を「民有林」と定義している。

　先に述べたように，本法は森林・林業基本法の下位に当たり，森林計画については，林業基本法の基本計画に即したものとするよう，林業基本法の制定や改正の際，変更されている。

　罰則は，盗伐や放火などに対し罰金あるいは懲役を科すものや，森林整備計画や保安林関係の規定などの違反に対し罰金や過料を定めている。この罰金や懲役は刑法以外による刑事罰である。

　ここで，森林の伐採とその後の造林について触れる。伐採に関して，他人の樹を伐るのは盗伐に当たり，刑罰の対象であるが，それ以外にも，樹木の伐採は，その所有者であっても自由に伐採できない場合も多い。森林法では保安林における制限を設けており，立木を伐採するには都道府県知事の許可を受けなければならない。**図4.1**に保安林における伐採の流れを示す[11]。このように保安林においては，樹齢や伐採面積などについて審査された上で許可・不許可が決定される。なお，保安林の全森林面積に対する割合は平成22（2010）年度末で47.9%[12]となっており，日本における森林のおよそ半分は保安林に指定されている。

　また，保安林以外の普通林であっても，「森林法」に基づく地域森林計画の対象となっている場合，一般的には伐採や造林の届出（事例によって事前または事後）が必要となる。ただし，伐採後の造林については，天然更新が認められる場合がある。第1章で日本人は木を植えることが好きであると紹介したが，現状の林業ではコストのかかる植林は選択されない場合も多く，このままでは今後，資源量の減少が懸念されることから，なんらかの対策が必要であろう。

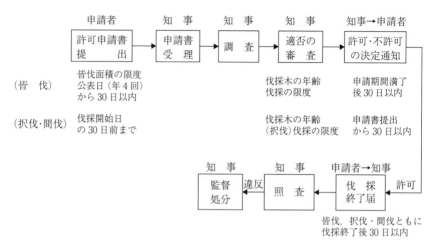

図 4.1　保安林における伐採の流れ

4.1.2　森林・林業基本法

本法律は，森林および林業に関する施策について，基本理念およびその実現を図るために基本となる事項を定めるとともに，国および地方公共団体の責務などを明らかにすることによって，森林および林業に関する施策を総合的かつ計画的に推進し，国民生活の安定向上および国民経済の健全な発展を図ることを目的としている。

具体的には，第1章「総則」，第2章「森林・林業基本計画」，第3章「森林の有する多面的機能の発揮に関する施策」，第4章「林業の持続的かつ健全な発展に関する施策」，第5章「林産物の供給および利用の確保に関する施策」，第6章「行政機関および団体」，第7章「林政審議会」となっている。

昭和39（1964）年の制定は，当時の社会経済の動向や見通しを踏まえ，林業の向かうべき道筋を明らかにするものとして

① 旺盛な木材需要に対応した国産材の供給ができるよう，林業総生産を増大すること
② 他産業との生産性の格差が是正されるように林業の生産性を向上すること

③ 林業従事者が所得を増大してその経済的社会的地位を向上させること
を政策的目標とし，① 生産政策，② 構造政策，③ 需給・流通政策，④ 従事者
政策の4本を柱にしていた[8]。

しかしその後，経済社会の急速な成長，国際化の著しい進展等により大きな
変化を遂げるとともに，森林に対する国民の要請は多様化し，わが国の森林・
林業をめぐる状況も大きく変化して，時代の変化に合わない面も見られたこと
から，平成13（2001）年に改正となった。

改正後は，国の施策の基本的方向性を，上述したように3〜5章の3本とし
て具体的に列挙するほか，森林・林業基本計画において，おおむね5年間に講
ずべき具体的施策を記述することで国民に明らかにしている[8]。改正前は基本
計画の章がなく，第2章「林業生産の増進及び林業構造の改善」，第3章「林
産物の需給及び価格の安定等」，第4章「林業従事者」となっていた（6，7は
繰り上げ）。

なお，森林の有する多面的機能には，国土の保全，水源のかん養，自然環境
の保全，公衆の保健，林産物の供給に加え，地球温暖化の防止も含めている。

(ティータイム)

林政審議会

森林・林業基本法に基づき，農林水産大臣または関係各大臣の諮問に対し，
同法の施行に関する重要事項を調査審議する機関で，農林水産省に置かれてい
る。30人未満で構成され，委員は学識経験者から農林水産大臣が任命，非常
勤で任期は2年，再任も可となっている。委員の一部は一般から公募も行われ
ている[13]。

林政審議会の役割は，基本法にかかわる森林・林業基本計画の策定，森林・
林業白書の作成など，森林・林業に関する政策の重要事項について審議を行う
ことであるが，森林林業に関する政策問題全般についても調査審議を行ってお
り，日本の林政の方向を規定する重要な役割を負っている[14]。

平成9年には「林政の基本方向と国有林野事業の抜本的改革について」の答
申を行い，国の森林管理と林業生産に関する将来方向を示した。これにより森
林法の改正が行われた。

4.1.3 森林の整備に関連する法律

戦後，戦中の乱伐による森林の荒廃と資源の枯渇化に対処するため，森林整備に関する法律の制定や改正が行われた。その多くは，費用（資金）に関するものである。

まず，終戦（昭和20（1945）年）前に公布されたが施行前であった「戦時森林資源造成法」が，内容をそのままに，「戦時」を外す改称を行って同年の12月に公布，翌1月から施行された。本法律による制度は，民有林において造林者がその費用の半額を支払って政府の発行する造林証券を買い，造林完了後，政府にその証券を額面で買い取ってもらうことによる，実質1/2補助であった[15,16]。

これとは別に，昭和21（1946）年にGHQの指示により公共事業制度が開始されたが，GHQは復旧造林への財政措置も指示，公共事業財源からの支出を認め，1/2補助により，造林，林道，治山の3事業を開始させた[17,18]。現在の補助の負担割合は国3/10，都道府県1/10となっている。なお，公共事業は財政法に規定されているが，その範囲は毎年国会の決議によって決められる。

一方，費用負担と収益を分配する方法として，分収林制度がある。収穫した木材を販売することで得られる収益を，契約の割合で分けるもので，土地の所有者と造・育林を行う事業者と，あるいは資金を一般から集めることで造林や育林を行う制度である。法律に盛り込まれたものでは大正9年の「公有林野官行造林法」[19]で，治水事業の一環で公有林に対し国費を投じて造林事業を行い，市町村と収益を分ける収益分収の契約（官行造林契約）を結んでの事業であった[15]。

昭和25（1950）年には「造林臨時措置法」が制定された。本法は，要造林地に所有者が造林しない場合に，都道府県知事が第三者を指定して分収造林させ，造林者と所有者間の契約条件を裁定できるという内容となっている。

昭和26（1951）年には森林法の制定により森林計画制度が創設され，その計画に定められた造林事業については，所有者に実行の義務を課すこととなった。

これらの法的措置と並行し，昭和25（1950）年から国土緑化推進運動が展

4.1 関連する法律　　105

開され，「緑の羽根募金」が，戦後の荒廃した国土に緑を復活させる目的で行われている。合わせて全国植樹祭も毎年，都道府県の持ち回りで行われるようになった。この募金運動の基盤強化と活動内容の多様化等を図るため，「緑の募金による森林整備等の推進に関する法律」が平成7（1995）年に制定された。

資金の調達方法としては，「農林漁業資金融通法」「農林漁業金融公庫法」を制定（いずれも昭和26（1951）年3月31日）し，このなかで造林資金の融資措置を図った。

これらの法や政策により，戦後の造林未済地の造林を行い，昭和31（1956）年度には一応完了した。そして昭和32（1957）年以降は，エネルギーの転換が進んだこともあり，それまで薪炭林であった広葉樹林や天然林を伐採し，拡大造林が推進されることとなった。

拡大造林の推進にあたり，造林事業の困難さが強まったことから，上記以外の対策が必要となり，分収造林が導入されることとなった。分収造林は先に触れた公有林野官行造林法や造林臨時措置法以前にも，かなり古くから行われていた[16,19]。また，紙パルプ業界の好況により，昭和30（1955）年頃から進展していた。これを私有林にも適用できるよう昭和31（1956）年に「公有林野等官行造林法」へ改正している。

一方，慣習による分収林には法制上の制約があることから，その排除に必要な措置を取り上げた「分収林特別措置法」が昭和33（1958）年に制定された。

これらの法律に加え，造林を行う組織として森林開発公団や，都道府県における林業公社が設立され，これらによって分収造林や信託方式による造林が行われるようになった[19]。

分収林特別措置法は昭和58（1983）年の改正で，それまでは造林を目的としたものであったが，育林も対象とされた[20]。これを受けて林野庁は昭和59（1984）年には，成育途上の森林を対象に一般から出資を受ける分収育林制度を創設し，「緑のオーナー」の募集を開始した[21]。なお，この緑のオーナー制度は，国有林野事業の抜本改革（4.2.7項参照）により公益的機能をより重視した管理経営に転換したことで木材生産林が縮小され，分収育林の対象となる

森林が減少した。そのため平成 11（1999）年度以降の募集を休止している。それまでの分収育林契約については継続され，適切に管理していくこととしている。

　私有林を含む民有林においても，分収育林が設定され，昭和 60（1985）年 2 月末で 51 件の設定があり，ほとんどが募集口数を上回る応募があり，当初は好調であった[20]。

　しかしながらその後分収林は，木材価格の低迷により収益が上がらなくなった。また，成長が悪い，あるいは木材の搬出が困難な森林もあることから，採算割れとなる可能性も出てきた。そのため，契約の変更や協定締結等を進め，皆伐が前提となっていたものをその 8 割を非皆伐へ誘導するとともに，分収林契約解除後の森林の取り扱いについて検討し，伐採後の森林整備の円滑化を図るための事業を立ち上げている[22]。

　一方，これまでの元本割れに対し，出資者からは訴訟も起こされている。平成 26（2014）年 10 月に大阪地裁は，平成 5（1993）年 6 月までについては国の責任を認め，賠償命令の判決を下したが[23]，国は控訴している。

　さて，森林の整備に関して，人工林は苗木を植栽しただけで収穫できるものではなく，下草刈り，つる切り，邪魔な樹を伐る除伐，間引きに当たる間伐，節の無い木材に育てる枝打ちなど比較的手間がかかる。このうち，間伐は本来，木材として収穫が可能で，収益を上げることができる。しかしながら，需要や材価の低迷で，収益よりもコストが上回る状況にある森林も少なくない。そのため，間伐が見送られるか，伐採しても搬出せずにそのまま放置するいわゆる切り捨て間伐となっている場合も多々見受けられる。間伐を怠ると収穫も遅れる。また，切り捨ては害虫の発生や災害の原因となる。そこで間伐を推進するため，「森林の間伐等の実施の促進に関する特別措置法」を制定し，資金助成を図っている。京都議定書が発効になり，20 年から第 1 約束期間が開始されたことを受け，その達成に向けたものであり，本法の目的は二酸化炭素吸収など，地球温暖化対策推進法の森林等による吸収作用の保全等を補完する意味合いがある。

4.1.4 木材に関連する法律

　森林の機能として重要な一つが，木材の生産である。木材は住宅などの建築物に多く使用されることから，「建築基準法」の中に，木材についても構造や防火に関する規定がある。使用する材料は，日本工業規格のほか，木材については日本農林規格に適合するもの，あるいは国土交通大臣の認定を受けたものと定めている。

　関連して，「農林物資の規格化及び品質表示の適正化に関する法律（JAS法）」には林産物も含まれる。これに基づき，農林水産省告示で，丸太などの「素材のJAS（Japanese Agricultural Standard，日本農林規格）」のほか，製材，集成材，合板など製品に関するJASがある。製品のJASは寸法規定のほか，構造用については，建築材料として強度や耐久性を担保させる内容となっている。

　ほかに住宅などの建築物に関するものとして，「建設工事に係る資材の再資源化等に関する法律」（建設リサイクル法）がある。本法において，廃棄物になったものを再資源化して有効利用（場合によっては縮減）を図る特定建設資材の一つに，木材を定めている。

　また，「長期優良住宅の普及の促進に関する法律」では，「基本方針を定めるに当たっては，国産材の適切な利用が確保されることにより我が国における森林の適正な整備及び保全が図られ，地球温暖化の防止及び循環型社会の形成に資することにかんがみ，国産材その他の木材を使用した長期優良住宅の普及が図られるよう配慮するものとする」としている。同法による基本方針（国土交通省告示）においても木材の使用に関する伝統的な技術を含め，住宅の構法，材料，施工技術の開発及び維持保全技術の開発，技術の継承及び向上，国産材その他の木材を使用した長期優良住宅の普及などに言及している。

　林業に関する法律に木材や木材産業が含まれている場合も多いが，木材を中心としたものとして，「木材の安定供給の確保に関する特別措置法」が平成8（1996）年に制定された。この法律は，森林資源の状況から見て林業的利用の合理化を図ることが相当と認められる森林の存する地域について，木材の生産の安定及び流通の円滑化を図るための特別の措置を講ずることにより，木材の

108   4. 法律に基づく政策や規制

安定供給を確保し，もって林業及び木材製造業等の一体的な発展に資すること」を目的としている。

　具体的には，木材産業が厳しい情勢にあることから，都道府県知事が地域を指定し，その地域において木材製造業者と森林所有者が行動して木材の生産および流通の改善のための施設整備の推進を図るものである。

　木材に関する法律として，自給率アップに大きく貢献すると考えられる法律が次項の「公共建築物等木材利用促進法」である。

4.1.5　公共建築物等における木材の利用の促進に関する法律

　木材の用途において，大きな割合を占めるのが建築材料である。しかしながら，建築基準法による木造建築物の高さ制限や，昭和34（1959）年の日本建築学会の「建築防災に関する決議」で防火，耐風水害の観点から木造禁止が提起された[24]ことから，公共建築物などの中・大規模の建物の木造化は，ハードルが高くなっていた。このことから，公共建築物等における木造の割合は7.5％（平成20（2008）年度，着工床面積ベース）であった[25]。

　その後，木造建築物に関する技術開発や海外からの市場開放・規制緩和の要求などにより，昭和62（1987）年に建築基準法が改正されるとともに，規制は緩和されてきた。さらに，平成12（2000）年には同法に性能規定が導入され，定められた性能を満たせば多様な材料，設備，構法が採用できるようになった。このことから木材の利用可能な範囲が広がった。

　一方で，戦後，造林された人工林が資源として利用可能な時期を迎えたが，木材価格の下落などの影響などにより森林の手入れが十分に行われず，国土保全の森林の多面的機能の低下が大いに懸念される事態となっている。

　このような厳しい状況を克服するためには，木を使うことにより，森を育て，林業の再生を図ることが急務となっている。こうした状況を踏まえ，木造率が低く今後の需要が期待できる公共建築物にターゲットを絞って，木材の利用を図るという目的で，「公共建築物等における木材の利用の促進に関する法律（公共建築物等木材利用促進法）」が国会において全会一致で成立した。

本法律は，木材の利用を促進することが地球温暖化の防止，循環型社会の形成，森林の有する国土の保全，水源のかん養その他の多面的機能の発揮および山村その他の地域の経済の活性化に貢献することなどから，国が率先して木材利用に取り組むとともに，地方公共団体や民間事業者にも国の方針に即して主体的な取組を促し，住宅など一般建築物への波及効果を含め，木材全体の需要を拡大することをねらいとしている。同法の基本方針により対象となるものは，国や地方公共団体の施設のほか，強制力はないが民間が経営する病院や老人ホームなどの社会福祉施設，駅などの旅客施設等も対象になっている[25]。

また，木材を建築物に使うほか，木質バイオマスとしての利用にも言及している。具体的にはカスケード利用を図ることで原材料として最大限利用することができるよう，化学変換などによるプラスチックを製造する技術の研究開発や，公共施設等において木質バイオマスをエネルギー源としての利用や情報の提供，技術等の研究開発の推進などの措置を講ずるよう努めるとしている。

4.2 林業行政における政策と規制

前節は林業に関する法律を紹介したが，これらの法律に基づき林業行政も行われている。本節では，森林・林業行政に関して，政策や規制について，その背景と共に紹介する。

なお規制については，法や政令などに基づいたもので，森林法や建築基準法など，法とその施行令（政令），施行規則（省令）による規制があるが，多岐にわたることから，ごく一部だけに触れることにする。

政策については，昭和39（1964）年度からの森林・林業の動向と講じられた施策について，「林業の動向に関する年次報告」，いわゆる林業白書に示されている章の表題が時代を反映していると思われるので，第1部「林業の動向」の表題を**表4.3**，第2部「林業に関して講じた施策」の表題を**表4.4**に示す。なお，分類は表題と内容から，筆者が便宜的にまとめたものである。また，昭和47（1972）年度だけ，第1部をさらに二分割し，一つ目の「森林・林業の

表4.3　林業白書における「林業の動向」の章の表題

分類	表題	年度
経済・国民生活と森林・林業	林業に関する経済情勢	昭和39
	国民経済と林業	昭和40～43
	林業経済の外観	昭和44～46
	経済情勢の推移と林業経済	昭和47
	国民経済と森林・林業	昭和48～56
	森林・林業動向の概要	昭和57
	森林と国民生活	昭和44～45, 59～60
	国民生活と森林・林業	昭和47
	国民生活と森林	昭和58
	国民生活と森林資源	昭和61～62
	豊かな国民生活のための森林づくり	昭和63
	＊森林と国民との新たな関係の創造に向けて	平成13
	＊国民全体で支える森林	平成17
林業生産・経営	林業生産の動向	昭和39～45
	林業経営の動向	昭和39～45
	林業経営	昭和46～57
	林業生産	昭和47
	林業経営の現状と林業発展の課題	昭和56
	林業経営と山村	昭和58～63
	新たな林業技術体系の構築	昭和62
	林業，木材産業と山村	平成1
	林業生産，経営と山村	平成2,4
	林業生産と経営	平成3
	林業と山村	平成5,24～25
	森林・林業と山村	平成6～7
	森林・林業・山村の現状と課題	平成8
	持続可能な経営の達成に向けて	平成9
	林業の発展と山村の活性化	平成15
	林業・山村の振興	平成17～18
	林業・山村の活性化	平成20～23
林業労働力・山村	林業労働の動向	昭和39～45
	林業の発展と山村地域の課題	昭和49
	林業の発展と林家の課題	昭和50
	林業の地域的発展をめぐる課題	昭和51
	地域林業の担い手育成をめぐる課題	昭和54
	森林の管理と山村の活性化	平成3
	森林づくりの推進と山村の振興	平成10
	森林と人との新たな関係を発信する山村	平成13
林政	これまでの林政の推移と新たな基本政策の方向	平成12

分類	表題	年度
文化	＊森林と木の時代を目指して	平成5
	＊森林文化の新たな展開を目指して	平成6
	＊新たな「木の時代」を目指して	平成15
	木材の需要拡大―新たな「木の文化」を目指して―	平成22
森林資源・森林整備	森林資源	昭和46
	森林資源をめぐる課題	昭和48
	林業の発展と森林資源の整備をめぐる課題	昭和53
	森林管理の現状と緑資源確保の課題	昭和57
	森林資源整備の新たな展開を目指して	昭和60
	森林管理とその担い手の在り方	平成2
	森林資源とその整備	平成3
	森林整備の新たな展開と森林・山村の振興	平成19
	世紀を超えた森林整備の推進	平成11
	健全で機能の高い森林の整備と林業，山村の活性化	平成11
	健全で活力ある森林の整備を担う林業及び山村の振興	平成12
	多面的な機能の発揮に向けた適切な森林の整備と保全	平成12
	森林の多面的機能の持続的な発揮に向けた整備と保全	平成13
	森林の整備，保全と山村の活性化	平成14
	森林の整備・保全と国際貢献	平成15
	森林の整備・保全	平成16～17
	多様なニーズに応じた森林の整備・保全の推進	平成18
	多様で健全な森林づくりに向けた森林の整備・保全の推進	平成19
	多様で健全な森林の整備・保全の推進	平成20
	多様で健全な森林の整備・保全	平成21～23
	森林の整備・保全	平成24
	我が国の森林と国際的取組	平成25
森林の機能	森林の公益的機能	昭和48～57
	地球環境を守る森林・林業	平成4
	地球温暖化防止に向けた森林吸収源対策の推進	平成18
	京都議定書の約束達成に向けた森林吸収源対策の加速化	平成19
	＊低炭素社会を創る森林	平成20
	地球温暖化と森林	平成21～23
	森林の多面的機能と我が国の森林整備	平成25

分類	表題	年度
国有林	国有林野の課題	昭和47
	林政の推進と国有林野	昭和58
	国有林野事業の改善	昭和61,平成1
	国有林野事業の役割の発揮と経営改善	平成2
	国有林野事業の役割の発揮と経営改善	平成3
	国有林野事業の役割と経営改善	平成4～8
	国有林野事業の抜本的改革	平成9
	国有林野事業の抜本的改革の推進	平成10
	国有林野事業の抜本的改革への取組	平成11
	「国民の森林」へ改革の歩みを進める国有林野事業	平成12
	国有林野事業における改革の推進	平成13～15
	「国民の森林(もり)」を目指した国有林野における取組	平成16
	「国民の森林(もり)」を目指した国有林野の取組	平成17
	「国民の森林(もり)」としての国有林野の取組	平成18～22
	「国民の森林(もり)」としての国有林野の管理経営	平成23
	国有林野の管理経営	平成25
木材・林産物・木材産業	林産物需給の動向	昭和39～45
	木材の流通と価格	昭和46
	木材関連産業	昭和46～47
	林産物需給	昭和46～47
	木材の価格と流通	昭和47
	木材経済をめぐる動向	昭和48
	林産物の需給と価格	昭和49～52
	木材需給と林業発展の課題	昭和52
	木材の需給と価格	昭和53～57
	木材需給構造の変化と流通加工部門への対応	昭和55
	木材需給と木材産業	昭和58～63, 平成3～7,25
	国産材時代への挑戦	昭和59
	国民のニーズにこたえる木材の供給と国内森林資源の有効活用	平成1
	＊木材の消費・流通構造の変化と国産材供給の課題	平成8
	木材需給の動向と木材産業の振興	平成9
	木材の利用推進と森林の適切な整備	平成10
	循環型社会の構築に向けた木材産業の振興	平成10～11
	森林資源の循環利用を担う木材産業の振興	平成12
	木材の供給と利用の確保	平成13
	木材の供給の確保と利用の推進	平成14
	木材産業と木材需給	平成15
	林産物需給と木材産業	平成16～17, 19～24

表 4.3 （つづき）

分類	表題	年度
林業の活性化・再生	試練に立つ日本林業とその活力回復に向けて	平成61
	＊林業，木材産業の活性化に向けて	平成7
	林業の健全な発展を目指して	平成13
	林業の持続的かつ健全な発展と課題	平成14
	＊次世代へと森林を活かし続けるために	平成16
	＊健全な森林を育てる力強い林業・木材産業を目指して	平成18
	＊林業の新たな挑戦	平成19
	林業の再生に向けた生産性向上の取組	平成21
	森林・林業の再生と国有林	平成24
世界の森林	世界の森林資源と我が国の海外林業協力	昭和63～平成1
	地球環境問題と国際林業協力	平成2
	地球環境問題と国際森林・林業協力	平成3
	世界の森林資源と我が国の海外林業協力	平成4
	世界の森林資源と我が国の海外森林・林業協力	平成5～7
	世界の森林の持続可能な経営に向けた我が国の貢献と木材貿易	平成8
	持続可能な森林経営に向けた国際的な動きと我が国の貢献	平成10
	森林・林業をめぐる国際的な動向と我が国の取組	平成11～12
	＊世界の森林の動向と我が国の森林整備の方向	平成14
震災	東日本大震災からの復旧・復興に向けて	平成23
	東日本大震災からの復旧・復興	平成24
	東日本大震災からの復興	平成25

＊：表紙に示された表題

役割とその充実」に３章分，二つ目の「木材経済と林業経営の動向」には５章分を割くという構成になっていることを付け加える。

これらを見ると，白書スタート当初は，経済が高度成長している時代にあり，産業としての林業・木材産業が主として扱われていたが，徐々に，公益的機能を含め，多機能性を発揮させる森林づくりに変わっていることがわかる。そして，「森林」という言葉が目立つようになり，「林業」から，その前に森林を加えた「森林・林業」が使われるようになっている。

白書の第１部Ｉ章は時代背景を表すものが多く，平成５（1993）年度から販売されているものの表紙にその表題が示されるようになった。平成９（1997）年度にいったん表題の表記はなくなるが，翌平成10（1998）年度から平成12（2000）年度にかけては，基本認識がうたわれるようになり，Ｉ章の前に数ページが割かれ，表紙にもその表題が載せられるようになった（4.2.6項参考）。平成13（2001）年度からは，基本認識はなくなり，再びＩ章の表題が表紙に書かれている。平成21（2009）年度から再び表題はなくなっている。なお，平成12（2000）年度から以前のB5判に対し，A4判に変更になり，より見やすく変わってきた。そして，平成12（2000）年度の政策転換と基本法の改正を受け，平成13（2001）年度から森林・林業白書となった。平成14（2002）年度からトピックスとして１テーマを１ないし２

表 4.4　林業白書における「林業に関して講じた施策」の章の表題

分類	表題	年度
林業生産	生産対策	昭和39
	林業生産の増大と生産性の向上	昭和40～45
	林業生産の増進	昭和46～平成7
	林業生産の増進と多様な森林の整備	平成8～9
林業技術	林業技術の向上	昭和41～45
	森林・林業・木材産業に関する研究・技術開発と普及	平成13～23
構造改善	構造対策	昭和39
	林業構造の改善	昭和40～平成7
林業経営	林業経営の安定化	平成8～9
	活力ある林業経営の推進	平成10～11
	森林の管理・経営を担う林業の育成	平成12
	森林の整備と森林資源の循環利用を担う林業の振興	平成13
	林業の持続的かつ健全な発展の確保	平成14～18
	林業の持続的かつ健全な発展と森林を支える山村の活性化	平成19～23
	林業の持続的かつ健全な発展に関する施策	平成24～25
林業労働力	林業従事者	昭和39
	林業従事者の養成確保及びその福祉の向上	昭和40～41
	林業従事者の養成確保及び福祉の向上	昭和42～47
	林業従事者の福祉の向上及び養成確保	昭和48～平成7
	林業労働力の安定確保と林業事業体の育成	平成8～9
	林業事業体の育成と林業労働力の確保	平成10～11
林業団体	林業団体等	昭和39
	林業団体の育成	昭和40～41
	林業団体の育成及び林業統計調査の整備	昭和42～45
	団体の再編整備に関する施策	平成23～25

分類	表題	年度
木材・林産物・木材産業	流通対策	昭和39
	林産物需給の安定及び流通加工の合理化	昭和40～59
	木材需要の拡大，流通・加工の合理化及び林産物需給の安定	昭和60
	木材需要の拡大，木材産業の体質強化及び林産物需給の安定	昭和61～平成1
	国産材の流通体制整備，木材産業の体質強化及び林産物需給の安定	平成2～6
	林産物の供給体制の整備，木材利用の推進及び林産物需給の安定	平成7
	木材の供給体制の整備と需要の拡大	平成8～9
	木材の供給体制の整備と利用の推進	平成10～11
	木材産業の構造改革と木材利用の推進	平成12
	森林資源の循環利用を担う木材産業の振興	平成13
	林産物の供給及び利用の確保	平成14～19
	林産物の供給及び利用の確保による国産材競争力の向上	平成20～23
	林産物の供給及び利用の確保に関する施策	平成24～25
山村振興	山村振興対策	昭和40
	山村の振興	昭和41～44
	山村等の振興	昭和45,57～平成9
	沖縄林業の振興	昭和47
	山村等の活性化	平成10～12
	山村地域の活性化	平成13
	都市と山村の共生・対流の推進等による山村の振興	平成14～18
林業金融	林業金融等	昭和39
	林業金融の拡充と税制の改善	昭和40～45
	林業金融の改善拡充等と税制の改善	昭和51
	林業金融の改善拡充と税制の改善	昭和52～60
	林業の金融・税制の改善	昭和61～平成12
	その他林政の推進に必要な措置	昭和46～平成9,13～14
国土保全	国土の保全	昭和39～43
	国土の保全等	昭和44～45
	森林のもつ公益的機能の維持増進	昭和46～平成9
	公的関与による森林の適正な整備	平成13

分類	表題	年度
多面的機能	公益的機能の発揮と国民参加を重視した森林の整備	平成10
	公益的機能の発揮と地球温暖化対策を重視した森林の整備	平成11
	多面的機能の発揮のための森林の整備	平成12
	多面的機能の発揮のための森林の整備と保全の推進	平成13
	森林の多面的機能の持続的な発揮に向けた整備と保全	平成14～16,18
	森林のもつ多面的機能の持続的な発揮に向けた整備と保全	平成17,19～22
	森林の有する多面的機能の持続的な発揮に向けた整備と保全	平成23
	森林の有する多面的機能の発揮に関する施策	平成24～25
国有林	国有林野の活用等	昭和41～45
	国有林野の管理及び経営	昭和46～56,昭和61～平成9
	国有林野の管理・経営	昭和57～60
	国有林野事業の抜本的改革	平成10
	国有林野事業の抜本的改革の推進	平成11～12
	国有林野事業改革の推進	平成13～15
	国有林野の管理経営	平成16
	国有林野の適切かつ効率的な管理経営の推進	平成17～18
	国有林野の適切かつ効率的な管理経営の推進	平成19～23
	国有林の管理及び経営に関する施策	平成24～25
国際協力	国際森林・林業協力の推進	平成6～9
	森林・林業に関する国際的な取組と国際協力の推進	平成10～12
	森林・林業分野における国際的取組の推進	平成13～17
	持続可能な森林経営の実現に向けた国際的な取組の推進	平成18～23

ページで数件取り上げるようになり，情勢が一目でわかるようになった（**表 4.5**）。

さて白書の内容であるが，産業の面で林業は，当初，高度成長する第2次・第3次産業に対し，成長は鈍く，格差が増大する可能性から，山村の活性化や労働力確保などに関するものの記述が続けられていた。しかしながら，関連する対策が行われてきたが，その成長が落ち込んでしまったことから，回復を狙った「活性化」や「再生」といった言葉が使われるようになるとともに，価値観や視点を変える「新たな」という言葉も用いられるようになっている。また，環境と関連付けられるようになり，「循環利用」や「持続可能」という言葉も増えている。

なお，講じた施策において，林業金融は平成12（2000）年度までしかないが，Ⅰ章の前に概説があり，平成13（2001）年度以降はこの中に金融措置を盛り込んで，それまでと同様の内容を紹介している。概説にはそのほかに施策の重点，財政措置，立法措置，税制上の措置が示されている。平成15（2003）年度からは「行政機関が行う政策の評価に関する法律」の下で，数行ではあるが政策評価が示されるようになった。

森林・林業に関する国の予算は，一般会計と国有林特別会計，森林保険特別会計であったが，平成24（2012）年1月に閣議決定された「特別会計改革の基本方針」において，国有林特別会計は平成24（2012）年度末に廃止し，一般会計へ移管することとなった。ただし，この特別会計は多額の債務を抱えており，債務を国民の負担とせず，林産物収入などによって返済することを明確にするため，国有林野事業債務返済特別会計を設け，約1.3兆円の借入金債務の処理を行っている[26]。森林保険特別会計は，森林国営保険法に基づき，国が保険者となり森林の火災，気象災及び噴火災による損害を填補する森林保険事業であり，森林保険にかかわる事業収支を一般会計と区分して経理するために設置されている。そして以降で触れる政策（施策）のほとんどは一般会計によるものである。

114   4. 法律に基づく政策や規制

表 4.5 トピックスの表題

年度	1	2	3	4	5	6
平成14	ヨハネスブルク・サミットの開催とアジア森林パートナーシップの発足	地球温暖化防止森林吸収源10か年対策の策定	森林環境教育の推進	森林組合の改革	バイオマス・ニッポン総合戦略の推進	国産材を利用した集成材，合板の生産
平成15	中国や韓国への木材の輸出	木材利用拡大に向けた行動計画の策定	ボランティア団体との連携による森林づくり	我が国独自の森林認証制度の創設	日本・インドネシアの違法伐採対策協力	「緑の雇用」の推進
平成16	山地災害等の多発と森林の整備・保全	京都議定書の発効と森林吸収源対策の推進	「緑の募金」をはじめとした国民参加の森林づくりの推進	愛知万博，パビリオンでの木材利用	日本の森を育てる木づかい円卓会議の提言	国有林野を活用した民間活動への新たな支援
平成17	「木づかい運動」の展開	G8 グレンイーグルズ・サミットを受けた違法伐採対策の推進	合板用材における国産材利用の増加	地方公共団体独自の森林整備・保全の取組	企業による森林づくりの取組	綾の照葉樹林プロジェクトの開始
平成18	新たな森林・林業基本計画の始動	「美しい森林づくり推進国民運動」の展開	温暖化防止のための森林吸収源対策の加速化	急激に変化した平成18年の木材価格	環境に優しい木質バイオマス資源	
平成19	森林施業の提案で目指す集約的な林業経営～「一緒に手入れしませんか？あなたの山」～	京都議定書の第1約束期間の開始	「美しい森林づくり推進国民運動」の展開	花粉発生対策の推進	「木づかい」の広がり	世界自然遺産「知床」における国有林の取組
平成20	低炭素社会の実現に向けた新たな取組	雇用情勢の悪化に対応した林業分野の雇用創出	ロシア材輸入量の減少と国産材への原料転換	製紙原料への間伐材利用の促進	岩手・宮城内陸地震災害への迅速な復旧対策	
平成21	森林・林業の再生に向けて	若者の山しごと	公共建築物などへの木材利用	林業・木材産業の活性化を目指して		
平成22	森林・林業の再生に向けた新たな取組	「東日本大震災」で森林・林業・木材産業に甚大な被害	「公共建築物等における木材の利用の促進に関する法律」の成立	生物多様性に関する新たな世界目標・ルールの採択	2011 国際森林年	林業・木材産業関係者が天皇杯等を受賞
平成23	「森林・林業再生プラン」の実現に向けて取組を開始	東日本大震災や台風・集中豪雨等により災害が多発	「2011 国際森林年」の盛り上がり	小笠原諸島が世界自然遺産に決定	林業・木材産業関係者が天皇杯等を受賞	
平成24	森林・林業の再生に向けた取り組みを展開	津波で被災した海岸防災林の再生を開始	「再生可能エネルギーの固定価格買取制度」等により木質バイオマス利用を促進	綾の照葉樹林が「ユネスコエコパーク」に登録	林業・木材産業関係者が天皇杯等を受賞	
平成25	式年遷宮に先人たちの森林整備の成果	富士山が世界文化遺産に登録	林業活性化に向けて女性の取組が拡大	中高層木造建築への道を開く新技術が登場	林業・木材産業関係者が天皇杯等を受賞	

4.2 林業行政における政策と規制　　115

4.2.1　戦後から林業基本法制定まで（白書以前）

　終戦後，復興用材や薪炭材の需要が増え，荒廃した山林にさらなる伐採が続けられ，荒廃山林は1949年で27万7千haにも及び[27]，将来の資源枯渇が懸念される状況にあった。また，急激なインフレ状況にあり，造林は進まなかったことから，4.1.3項でも触れたような金融政策により，荒廃した国土の保全と資源造成のための造林が進められた。一方で，二度にわたる農地改革が実施され，その後，林野解放を目指す第三次の農地改革が噂となり，大・中規模の林家は造林意欲を失い，伐採に拍車をかけることとなった。さらにインフレも加わり，証券造林制度はほとんど効果を上げられずに中止となった[19]。その後，1950年に朝鮮戦争が勃発し，林野解放案は放棄され，造林政策が前面に打ち出されることとなり，「造林臨時措置法」，「森林法」の制定や，林道10か年計画，造林10か年計画などつぎつぎに造林施策が打ち出された。これらの結果，造林面積の増加が図られることとなった。とはいえ，1955年頃までは伐採面積のほうが多く，残りは天然更新となっていた。

　昭和30（1955）年代に入ると，乱伐後の植栽が済み，1.1.1項や4.1.3項で述べたように拡大造林へと移っていった。これらには，先に紹介した分収林や公団・公社造林に加え，林道開設に重点を置いた予算措置と造林補助金の支給と行政指導が用いられた[17]。

4.2.2　林業生産と林業技術の向上

　昭和39（1964）年度から始まった林業白書では，林業に関して講じた施策の筆頭が「生産対策」で，概説では「林業生産の増大」となっている。また，翌年からは「林業生産の増大と生産性の向上」となった。当初この中に含まれていた「林業技術の向上」は，一時的に別建てになったりしながら，林業生産と名のついた施策は平成9（1997）年度まで実施された。

　この林業生産関連の内容は，林業基本法に基づく「森林資源に関する基本計画」および「重要な林産物需給の長期見通し」の策定とこれに伴う全国森林計画の変更，林道の整備拡充，造林の推進，林業技術の向上，森林の保護と損失

116   4. 法律に基づく政策や規制

補てんなどとなっている。なお，施策の指標となる「森林資源に関する基本計画並びに重要な林産物の需要及び供給に関する長期の見通し」については，随時改定が行われるとともに，これを踏まえて全国森林計画が変更され，適正な森林施業の推進がなされている。

林道の拡充に関しては，一般林道や山村振興林道，峰越連絡林道の開設への助成措置，森林開発公団による林道事業などが実施された。また，林道の改良に対する助成や林道事業に対する融資も行われた。

造林の推進については，補助や融資による一般造林やせき悪林地の改良，分収造林の推進，優良種苗の確保などの項目からなる。なお，造林に関する項目の中で拡大造林という言葉は，昭和58（1983）年度まで使われていた。優良種苗の確保については，「林業種苗法」に基づく母樹の指定や保存による所有者への補償，優良母樹からの種子採取事業，精英樹クローンの養成や採取園・採穂園の設定などの林木育種事業の強化などとなっている。なお，昭和45（1970）年にそれまでの林業種苗法を廃止したうえで，改めて「林業種苗法」を制定し，旧法に基づく指定が消滅することから，新法に基づく指定採取源として特別母樹と普通母樹を指定することとなった。

林業技術の向上としては，試験研究体制の整備強化や普及指導事業が実施された。また，森林の保護と損失補てんでは，病害虫の予防や有害獣の駆除と森林国営保険法に基づく損失補てんなどが行われた。

昭和41（1966）年度から，これらに加え，林産物生産の合理化が項目として増え，素材生産関連の事業が創設されるとともに，他に組み込まれていた木炭関連の事業がこの項目として引き続き実施された。この林産物生産の合理化は，林構事業や山村振興の事業も活用され，林産物生産施設の近代化が実施された。

昭和44（1969）年度からは，里山再開発関連の事業が加わり，低位利用広葉樹林を対象とし，資源の合理的利用と人工造林等による土地の高度利用のため，対象市町村を指定し，簡易林道の開設や伐採・搬出等の林業生産集団化の促進等の事業への助成が行われた。内容から，拡大造林の一環であろう。昭和

47（1972）年度まで実施された。

　昭和46（1971）年度から間伐対策事業が実施されるようになった。そして，この年の白書から，林業生産の増進に森林の公益的機能という表現が使われるようになった。

　昭和48（1973）年度から，里山関連事業と間伐対策を統合充実した林分改良開発事業により，間伐材等の小径木の安定供給と森林内容の充実を図ることとなった。また，昭和51（1976）年度から中核的役割を担うと見込まれる優良な林業地域を育成する総合的な内容の事業を行っている。

　昭和52（1977）年度から間伐対策が本格化され，間伐林道の開設，間伐材の計画的生産流通の推進，間伐材の加工技術の高度化，需要の増進などの総合的な対策が行われるようになった。また，その頃被害が拡大していた松くい虫対策として，「松くい虫防除特別措置法」を昭和52（1977）年に制定し，計画的防除制度を創設した。関連して昭和53（1978）年度はマツノザイセンチュウ抵抗性育種事業を実施している。

━〈 ティータイム 〉━

普及指導制度と林業普及指導員

　林業に関する普及制度は，昭和24（1949）年にGHQの勧告により発足し，昭和26（1951）年制定の森林法で「都道府県に林業専門技術員（Sp; forestry extension specialist）と林業改良指導員（Ag; forestry extension agent）を置く」とされた[18, 28]。平成16（2004）年の森林法改正で，現在は林業普及指導員に一本化されている。都道府県職員に対する国家資格で，実務経験者が試験に合格することで与えられる。平成21（2009）年に作成された「森林・林業再生プラン」により，日本型フォレスター制度が創設され，平成25（2013）年度から普及指導員の資格試験に組み込まれた[29]。

　都道府県は林業普及指導所や森林事務所など（北海道では林業指導事務所が機構の改編で現在は森林室普及課など）に，指導員を置き，国は都道府県に対し人件費を含む林業普及指導事業交付金を支給している。

　指導員は試験研究機関と密接な連絡を保ち，森林所有者等に技術や知識の普及と森林施業に関する指導等の業務を行っている。

118 　　4．法律に基づく政策や規制

　昭和 54（1979）年度は林業生産の増進に必要な試験研究と成果の普及・指導を推進するため，普及指導活動を拡充するとともに，大型プロジェクト研究（大プロ）の仕組みをつくり，「国産材の多用途利用開発に関する総合研究」を開始した。さらに翌年は「食用きのこ類の高度生産技術とマツの枯損防止新技術」も開始している。この大プロは国の林業試験場（現（独）森林総合研究所）が研究推進を担当し，地方の研究機関が連携して取り組むもので，筆者も

ティータイム

松くい虫被害

　森林に被害を与える生物には，菌の感染，葉や樹皮を食べるシカや野ネズミなどの哺乳類，葉を食べる蛾や木材に穴を開けるカミキリなどの昆虫など様々であるが，樹を枯らし，マツ林に甚大な被害を与えたのが松くい虫である。

　松くい虫と呼んでいるが，被害を直接引き起こしているのは昆虫ではなく，線形動物であるマツノザイセンチュウという長さ 1 mm 程度の生物である。しかし，被害を拡大させたのはマツノマダラカミキリという昆虫で，両者は共生関係にある[30]。松くい虫という生物は存在せず，この両者による被害を持って称されるが，カミキリムシを指すこともある。

　カミキリはセンチュウによって弱ったあるいは枯れたマツに産卵し，幼虫（てっぽう虫）は木材に入り込んで成長する。材の中で成虫となるカミキリはこの間にセンチュウを体内に宿すことになる。やがて羽化したカミキリは飛び回り，今度は健全なマツの小枝をかじり（後食），このときにマツはセンチュウに感染し，やがては枯れてしまい，これを繰り返すことになる。

　松くい虫の防除方法としては，センチュウを対象にしたものと，カミキリを殺すものが考えられるが，対策の多くはカミキリを対象としたものであった。枯れたマツを伐採し，焼却や薬剤散布で殺す，あるいはマツ林に薬剤を散布し後食する成虫を殺すなどの方法がとられた。薬剤散布が困難な場合は，健全なマツがセンチュウに感染しないように，マツの樹幹に薬剤を注入しておく方法もある。

　ニュースなどで冬の風物詩として，松くい虫対策のため松の幹に藁でできたこもを巻き，春にそれを剥いで焼却するというように紹介されていたのを記憶する。しかしこれは，松くい虫ではなく，マツカレハという蛾の対策[31]で，越冬のため幼虫が集まる習性を利用したものである。

4.2 林業行政における政策と規制 119

過去に研究の一部を担当した。

昭和55（1980）年度からは石油危機を教訓に，エネルギー供給の多様化と省エネルギーの推進として，木質系エネルギーの調査を開始し，昭和58（1983）年度からは実用化に向けた森林エネルギー活用新技術実用化モデル事業が実施

┌─ ティータイム ─────────────────────┐

森林の流域管理システム

山には森林があり，そこから川が流れ，その流れに沿って人による土地利用が進み，農業，生活，産業など，その流域で経済活動や地域行政が行われることが多い。

林業も多くは，同じ流域で木材が生産され，加工されている。また，これら一連のプロセスを川の流れに例え，林業を川上，木材産業を川下としての表現が使われる。

平成2（1990）年の林政審議会の中間報告では

① 「緑と水」の源泉である多様な森林の整備

② 「国産材時代」を実現するための林業生産，加工・流通における条件整備

を林政の基本的課題とし，その解決手法として森林の流域管理システムが提案された[32]。

その内容は，森林整備・林業生産等を推進する上で合理的な地域の広がりである河川の流域を基本的単位として，市町村や流域におけるさまざまな担い手の合意形成の下に，丸太の出材量など事業量のまとまりの確保を基本とし，民有林，国有林を通ずる実効性ある森林整備，林業生産計画の樹立と，木材の生産から流通，加工に至る川上から川下までの一体的連携による実行体制の整備を図ることなどで，その流域における森林整備と国産材の供給とが総合的に推進される新たな森林管理システムを構築するものである。さらに，このシステムの中で，流域における森林の林齢構成がバランスの良いものになるようにするとともに，流域内の森林管理のための作業を計画的に確保しつつ事業体の規模拡大等の体質強化と林業労働者の雇用の安定，処遇の改善を図るというものである。

そのために，流域の市町村，森林管理署，森林組合，流通・加工業者によって構成された協議会を設置し，合意形成を図るとともに，流域内で必要な森林管理作業の量と内容，そこに必要な労働力とその労働力を提供可能な事業体等の情報が協議会で把握されることで実現することになる。

└──────────────────────────────┘

120   4. 法律に基づく政策や規制

されるようになった。

地域林業という言葉は，昭和 55（1980）年度から使われ始め，昭和 56（1981）年度から森林計画の充実に「地域林業の形成」が盛り込まれるようになった。さらに昭和 59（1984）年度からは森林計画の充実から独立した別項目として紹介されるようになった。その内容は都道府県知事が指定した市町村が林業振興地域整備計画を策定し，その計画に基づく事業の実施で，計画の策定に必要な経費と計画の達成を図るための管理に必要な経費の助成である。

造林に関しては，昭和 59（1984）年度に，それまでの拡大造林に代わり，非皆伐の多段的な施業を推進する事業を開始し，その後，複層林の造成など多様な森林施業を展開するようになった。合わせて，広葉樹造林について調査が開始され，昭和 61（1986）年度に広葉樹整備事業が実施された。

地域林業の形成に，平成元（1989）年から「林業振興地域の整備」と「国産材生産体制の整備」が設けられた。平成 2（1990）年度，第 1 部に流域を単位とした「森林の流域管理システム」の考え方が示され，施策の上では，翌年から林業振興地域の整備に代わって「流域林業活性化の推進」が設けられ，その推進が図られるようになった。

4.2.3　産業としての林業と構造改善事業

経済が高度成長する中で，産業別国民所得における林業所得の低下や，林業就業者数の減少など，林業の地位が低下し，他産業との格差が懸念される状況にあった。加えて，比較的急峻な山で営まれる林業は，生産に要する期間も長く，他の産業より不利な条件にある。さらに，林業経営体の多くは零細で，近代的な生産手段や技術の導入，経営の高度化を図るのが困難であった。

そこで林業の総生産を増大し，生産性を向上させるべく，林業基本法に基づき，昭和 39（1964）年から林業構造改善事業がスタートした。事業名を省略し，林構と呼ぶことも多い。当初の目的は経営規模の拡大，生産基盤の整備，林業機械の導入などで，補助や融資等の助成措置である。構造対策の走りとしては昭和 37 ～ 39（1962 ～ 1964）年の林業協業促進対策事業があったが，林

構へと引き継がれた[27]。

代表されるのが第1次林構（指定期間昭和39～46（1964～1971）年度，事業実施期間昭和40～49（1965～1974）年度），第2次林構（同昭和47～54（1972～1979）年度，同昭和48～60（1973～1985）年度），新林構（同昭和55～平成1（1980～1989）年度，同昭和55～平成6（1980～1994）年度），林業山村活性化林構（活性化林構 同平成2～7（1990～1995）年度，同平成2～11（1990～1999）年度）であるが，その合間にも景気対策や沖縄対策の事業も行われている。また，活性化林構以降も，国産材供給体制整備事業，林業情報システム化対策事業，国産材生産基地整備総合対策，経営基盤強化林業構造改善事業，地域林業経営確立対策，経営基盤強化対策などが行われた。

事業は該当となる市町村を計画地域として指定し，樹立した事業計画を都道府県知事が認定して実施される。当初の内容は，経営基盤の充実，生産基盤の整備，資本装備の高度化，早期育成林業の促進，協業の推進などであった。これらの中で，事業費では生産基盤の整備が最も多く，つぎに資本装備の高度化となっており，機械や施設の整備が主であった。実際，地方の製材工場などを回ると，「○○年度林業構造改善事業」というプレートが掛けられた施設を見かけることが多い。事例を分類すると，林業タイプ，林産業タイプ，森林レクリエーションタイプ，木工芸・特産タイプで，多くは1次林構から順次林構事業に取り組んでいる[33]。

施策の上では，平成8（1996）年度から林業経営関連に組み込まれて実施されるようになった。また，平成14（2002）年度からはそれまでの林構を見直し，林業・木材産業構造改革事業をスタートさせている。この事業の実施に当たっては，都道府県が策定する「林業・木材産業構造改革プログラム」に即し，路網整備や高性能林業機械の導入等林業生産体制の確立，林産物の加工・流通コストの低減等木材産業の構造改革の推進，地域材利用による公共施設の整備，林地残材等の収集・運搬の機材やバイオマスエネルギー利用施設の整備などが行われるようになった。白書の上では，平成19（2007）年度まで望ましい林業構造の確立の下に林業・木材産業構造改革の推進という項目があった

が，平成 20（2008）年度以降，望ましい林業構造の確立はそのままだが，構造改革の推進の項目はなくなった。

　一方，林業の構造改善とは別に，「中小企業近代化促進法」（昭和 38（1963）年成立）は中小企業の構造改善を推進する措置を講ずるものであるが，一般製材業と集成材を含む合板製造業がその指定業種を受け，構造改善事業が実施されるようになり，木材・林産物・木材産業関連の施策として林産物加工の合理化や木材産業の体質強化が取り組まれてきた。平成 14（2002）年の見直しを機に，林産物・木材産業関連の施策にも，前出の「構造改革プログラム」に即して，加工流通拠点施設等の整備などの木材産業の事業基盤の強化，施業技術研修，素材生産作業システムの構築などの木材産業等と林業との連携の推進が盛り込まれるようになった。その後，平成 20（2008）年度まで，製材・加工体制の整備に，「木材産業の構造改革を促進し」とあるが，それ以降は見られなくなった。白書からは「構造改革」の言葉は消えたが，木材産業構造改革整備（木材利用及び木材産業体制の整備推進）として「森林・林業・木材産業づくり交付金」が平成 20 〜 24（2008 〜 2012）年度に実施された[34]。平成 25（2013）年度からは「森林・林業再生基盤づくり交付金」が同様の内容で実施されている。これらの交付金は，後述する「森林・林業再生プラン」の推進にも位置付けられている。

　また，金融措置にも林業構造改善事業の推進を図るために，事業開始当初から，農林漁業金融公庫制度（平成 20（2008）年 10 月からは株式会社日本政策金融公庫資金制度）によって機械や施設の補助残に対する低金利融資（長期）を受けられるようになっていた。さらに昭和 51（1976）年度に，無利子資金（短・中期）の貸付けを行う林業改善資金制度を創設し，事業を実施する都道府県に対する資金造成の必要経費への助成を行うようになった。平成 14（2002）年度の事業見直しによる林業・木材産業構造改革事業への変更を受け，金融措置は平成 15（2003）年度から林業・木材産業改善資金制度となり，平成 26（2014）年度現在も存続されている。

4.2.4 木材需給・自給率の変遷と政策

日本の森林の持続的な利用において，重要となるのが国産材の利用であり，それと密接な関係にあるのが木材の需給と自給率である．木材需要と自給率については1.1.3項でも触れたが，ここではそれらの変遷の要因と自給率回復に向けた政策について解説する．

図4.2に木材供給量と自給率の推移を示す．なお，供給量と需要量は同じとみなしてよいだろう．この木材の需要は景気に左右される．その理由の一つは，木材の用途として多くを占めるのが住宅と紙であるためで，これらの需要は景気に左右されやすい．図中に示された個別の自給率の製材や合板は，その多くが住宅等に用いられ，またパルプ・チップは紙の原料である．

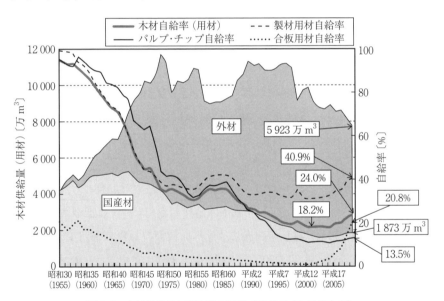

図4.2 木材供給量と自給率の推移（平成21年 林業白書）

つぎに，木材需要量と一人当りの需要量の推移を**図4.3**に示す．一人当りの木材需要量は，木材需要量を人口で割った値である．

戦後，高度経済成長とともに需要が拡大し，1973年にピークを記録，直後の第1次オイルショックの影響で減少，一時回復するも1979年の第2次オイ

124　4. 法律に基づく政策や規制

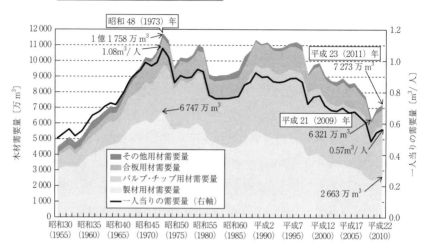

図 4.3　木材需要量と一人当りの需要量の推移（平成 24 年　林業白書）

ルショックで再び減少した。その後，バブル景気（1986 〜 1993 年ごろ）に合わせ 1987 年から 1 億 m^3 超えで推移後，1991 年のバブル崩壊による景気後退で，1996 年から減少，2008 年のリーマンショックを受けて消費が落ち込んだことが影響したのか，2009 年は 1962 年の水準まで落ち込んでいる。

住宅には多くの木材が使われ，林野庁によると製材用材の約 8 割が建築用に使われているとされている。そのため木材の需要の目安として，林業白書では住宅着工数に触れることも多い。そこで図 4.4 に住宅着工数と木造率の推移を示す。なお，昭和 30（1955）年代の木造住宅数のデータは記載されていないが，昭和 39（1964）年度の白書に「延べ面積での割合で 30 年に 80％を上回っていたが，昭和 38 年に 50％を下回る」とある。一戸当たりの木造と非木造の延べ面積比 1：3.4 程度（白書の数値をもとに計算）から推定するに，昭和 35（1960）年以前は戸数割合で 90％を超えていたと思われる。

図 4.4 を図 4.3 と比較すると，住宅着工数には非木造が含まれ，木材需要量と直接的な関係は見えにくいが，木造住宅着工数の推移はおおむね需要量と同様な傾向を示している。

さらにここで図 4.2 を見直すと，国産材は昭和 40（1965）年代から平成 15

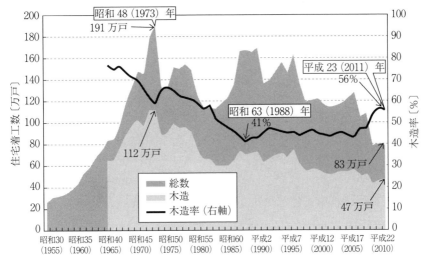

図 4.4 住宅着工数と木造率の推移（平成 24 年 林業白書）

(2003) 年ごろまで徐々に減少し，景気浮揚による需要増分は外材で賄ってきたことがわかる。

以上のことから，国産材の供給を増やして自給率を高めるには，木材需要の拡大が必要で，そのためには，景気の浮揚と，木造住宅の着工数を増やす必要がある。さらに，国産材を使うメリットも重要となる。政策もそれらを重視したものとなっている。

自給率の低下は，高度経済成長期に木材の需要が増え，木材価格が高騰したことが一因である。需要の増加に対し，戦時中の乱伐により供給が追いつかなかったのである。この高騰の対策として，政府は昭和 36 年に木材価格安定緊急対策を決定し，緊急間伐，残廃材チップの積極的利用に加え，輸入の拡充を図ることになった。これらにより木材価格は，一応安定化したとなっている。加えて景気調整策も取られた。これらの対策で最大の恩恵を受けたものは外材で，輸入量が急増した。

また，その要因として，需要の急増による価格高騰に加え，外材は手形取引などで有利であること，同一規格品が大量に入手できることなども挙げられて

126   4. 法律に基づく政策や規制

いる。

一方，1956 年から貿易および為替取引の段階的自由化が開始され，木材も
この中に含まれていて，1964 年には全面的に自由化となった。ここでいう自
由化とは為替取引に関するもので，日本は IMF8 条国に移行し，「国際収支を
理由とした貿易，為替の制限を行い得ない国」となったことをもって完全自由
化としている [36)]。その点，現在議論されている自由貿易協定における関税の
撤廃などとは異なる。それまでは外貨資金割当制（FA：foreign exchange allo-
cation system）であったが，以降自動承認制（AA：automatic approval sys-
tem）あるいは自動外貨割当制（AFA：automatic foreign exchange allocation
system）に移行となった。AA 制は，一定地域からの輸入に対して品目と金額
を定め，その範囲内で自由に輸入できる制度である。一方，FA 制は品目と通
貨に応じた割当に対し，割当基準が公表される。輸入業者は通産省の審査を受
けて外貨割当金割当証明書が交付されなければならず [37)]，国による制限が可
能であった。

関税に関しては，1951 年の関税改正で南洋材丸太は無税，その他もキリを
除いて 1961 年までに撤廃，木材製品の関税も 1962，1963 年には引き下げられ
た [36)]。さらに，GATT（General Agreement on Tariffs and Trade）ウルグアイ
ラウンド交渉を引き継いだ WTO 協定が発効になり，大幅な削減が求められ，
最終的にはほぼ撤廃されている。

加えて，昭和 34（1959）年に制定された「特定港湾施設整備特別措置法」
に基づき，昭和 36（1961）年度から港湾整備 5 か年計画をスタートさせ，木
材輸入の円滑化のため，輸入港の整備と植物防疫の充実（植物検疫）等の措置
を講じた。これにより，丸太の輸入可能な港は昭和 37 年度が 11 港だったもの
が，昭和 38（1963）年度末には 50 港（検疫所設置 29 港，木材輸入特定港 [†]21
港）になり，その後も検疫所の出張所の増設や特定港の指定などが行われた。
また，製材を含む木材製品は検疫が不要であり，外材の揚地港は 1955 年の 15
港から，1964 年には 68 港，1965 年には 72 港まで増加している。

---

†　植物防疫官が出張検疫を行う港

4.2 林業行政における政策と規制 127

　自由化の当初は，原木（丸太）の輸入が主で，日本で製材する国内挽き（内地挽き），単板（ベニア）の製造から合板までを一貫して製造するなど，国内での加工も多かった。このことは，林業の面では問題かもしれないが，国内経済や雇用の上では意味があった。筆者が製材の研究を担当していた20数年前，北海道では国有林からの天然木は質が低下し，無垢材の梁を採るには北米からのスプルース（トウヒ）やロシアからのエゾマツ，トドマツ（北洋材）が必要となっていて，国産材工場であっても，これらの原木を在庫しているのを目にした。また，富山県では北洋カラマツの輸入が盛んであった。

　その後，ラワン合板については，東南アジアにおける丸太の輸出が禁止され，乾燥単板などの輸入に替わった。加えて，JAS法の改正により，手続きが簡素化され，海外でのJAS認定工場が増加し，現地挽き（本国挽き）と呼ばれる日本の規格に合った製品が供給されやすくなるなどで，欧米からは製品としての輸入が多くなっている。また，ロシアは国内での加工を推進するため，丸太の輸出に関税をかけるようになり，これにより日本の輸入は減少している。

　さて，白書で木材関連政策の推移をみると，当初は「林産物需給の安定」と「林産物の流通および加工の合理化」（後に「林産物の流通，消費及び加工の改善合理化」）の二つの項目が柱であった。

　需給の安定は，需給動向や市況の把握，供給の適正円滑化等を通じて，林産物の需給と価格の安定化に資するとなっている。昭和49年度から，需給および価格の安定を図るため木材備蓄対策事業を開始，業界団体により設立された㈶日本木材備蓄機構に助成し，木材の備蓄を行わせていたが，事業は平成2

◆━（ ティータイム ）━◆━◆━◆━◆━◆━◆━◆━◆━◆━◆━◆━◆━◆

木材の輸出

　本項では木材自給率と輸入について触れているが，過去には日本も欧米に向け，木材製品を輸出していた。

　その一つは，ラワン合板（一般にベニヤ板と表現されるが，数枚の単板（veneer）を，繊維方向を交差させ接着したもの）やラワン製材（インチ材）である。ラワンはフタバガキ科のレッドラワン，ホワイトラワン，イエローメ

ランチなどの総称である。またインチ材とはインチ寸法で製材されたものである。これらは南洋材を丸太で輸入し，製品にして輸出する，すなわち，外材の輸出である。

　一方で，国産材の輸出も盛んであった。それはミズナラなどの広葉樹である。広葉樹は雑木と呼ばれることもあり，あまり価値が認められていなかったようである。そしてミズナラやタモ，セン（ハリギリ），カツラは枕木に使われていて，明治38年頃メキシコへ輸出された[36]。その後，枕木や杣角(そまかく)（丸太の丸みを残して4面落としたもの）として満州鉄道用に北海道から輸出されるようになった[38]。このミズナラは欧米で好まれるオークであり，これに目を付けた欧米人が美しい虎斑（silver grain；放射組織による模様，図）を持つ柾目のものを枕木として買い付け，再製材し，家具などに用いられるようになった。それを知った日本人は，欧米向けにインチ単位の製材，インチ材を輸出するようになった。インチ材が輸出されるようになったのは明治42，43年ごろである。

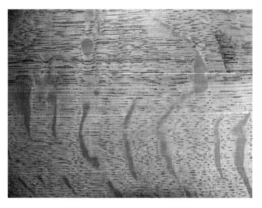

図　ミズナラの虎斑（縦縞）

　このような輸出が盛んであったのは，天然資源が豊富であった時代で，銘木と呼ばれる高品質のものは，ヘリコプター集材されていたように聞く。

　しかし，広葉樹の人工造林は難しく，また天然林の伐採はほとんどないことから，現在は逆に造作材や家具原料として，ロシア，中国などから輸入されている。

　一方で，近年は中国や韓国を重点国として，付加価値の高い木材製品の輸出に向けた取り組みが進められている。

(1990) 年度で廃止され，備蓄材は売却された。

流通および加工の合理化については，生産者から需要者までの流通過程を合理化させるとともに，加工工程を近代化，利用の高度化を図るというものである。具体的な内容は製材や合板，シイタケなどの JAS 規格品取引の促進や製材業，合板製造業の林構事業等による設備や機械の近代化，合理化が行われた。

一方で，北海道製材業は過剰設備であったことから，「中小企業団体の組織に関する法律」（昭和 32 年成立）に基づき「北海道製材業生産設備制限規則」を昭和 42 年に制定し，一時的に生産設備の新増設を制限する規制が出されるとともに，過剰生産設備の廃棄事業に助成が行われた。

取引の近代化と消費者の商品の選択に資するため JAS の普及を図る一方，JAS の制定されていない木質建材について，昭和 48 年度にその品質性能等の評価を行う木質建材認証勧告制度（AQ 制度）を発足させた。当初，認定等は国が行っていたが，昭和 63 年度から㈶日本住宅・木材技術センターが事業を行っている。

昭和 52，53 年度の施策に「木材加工流通業等の不況対策」が加えられていた。これは建築着工量の減少による木材需要の減退の対策で，事業転換の円滑化や雇用の安定，金融税制上の措置などを行った。

昭和 57 年度に「木材産業の再編整備」（後に「木材産業の拠点整備」），「特用林産物の供給体制の整備」の項目が加わった。また，合理化について，木材需要の拡大の施策を組み込み「林産物の消費及び流通加工の改善合理化」（後に「木材需要の拡大及び流通・加工の改善合理化」）となった。再編整備とは，木材需要の減退，丸太等の輸入環境の変化に適合するよう過剰設備の廃棄，生産方式の合理化に対する助成や外材から国産材への原料転換の指導である。

特用林産物の体制整備は，もともとは需要の安定に含まれていたが，時代背景としてオイルショックがあり，石油代替エネルギー関連を拡充したものと思われる。内容は特用林産物の生産基盤や共同利用施設の整備，「種苗法」に基づくきのこ種菌の検査・指導，木炭，オガライト，ペレット等の黒質固形燃料の安定供給や生産機械・燃焼器具の改良などである。

130   4. 法律に基づく政策や規制

昭和60年度からは,「木材需要の拡大」,「木材の流通・加工の合理化」,「木材需給の安定」,「木材産業の振興」,「特用林産物の供給体制の整備」となり,翌年度,前二つを合わせ「木材需要の拡大及び流通・加工の合理化」,振興は「木材産業の体質強化」となった。この振興・体質強化は「森林・林業,木材

●─ ティータイム ─●

在来構法とツーバイフォー工法,プレカット加工

　木造住宅などは,大工さんによって建てられてきた。古来からの木造住宅は,在来構(工)法と呼ばれ,大工さんが現場で柱や梁となる木材に墨付けをし,鉋掛け,鋸やノミなどによる接合部(継手,仕口)の加工を行いながら,組み立てていた。建物を支えるのが直角で組まれた梁と柱などの軸材料であることから軸組構法とも呼ばれる。

　一方,北米から伝わったツーバイフォー(2×4)工法も最近増えている。この工法は,2インチ(公称)厚で4インチから2インチ刻みで12インチまでの板材と4インチ角などのディメンションランバーを,床や壁のサイズに枠を組み,その内側に一定間隔で同じ幅のディメンション材(床は根太joist,壁はたて枠stud)を並べ,それに合板やOSB(配向性ストランドボード;細長い木片に方向性を持たせて積層接着した板材)などの構造用の面材を,釘で打ち付けて床や壁を組み,それを立ち上げるように組み立てるもので,日本語では枠組壁工法と呼ばれる。比較的簡単に建てられるとして,建築方法を紹介する本[39]も出されている。

　時代は変わり,工期の短縮が求められるとともに,大工さんの高齢化や後継者問題,機械技術の発展などから,CAD(コンピューターによる設計作業)・CAM(コンピューターによる加工作業)を用いて,部材に対しあらかじめ工場で仕口などを加工するプレカット加工が用いられるようになった。工場で加工された部材には,記号が振られていて,建築現場では大工さんが設計図を見ながら,その記号を頼りに組み立てる。この作業はプラモデルを組み立てるようなもので,昔ながらの熟練技術はあまり必要としなくなっている。

　ツーバイフォー工法に関しても,工場で加工され,床や壁を組んでから現場で立ち上げる方法が採られるようになっている。

　プレカット加工については,白書の昭和57(1982)年度から需要拡大の施策の中で用いられるようになり,昭和60年代(1985～1994年)以降急速に普及したとある。そして,平成23(2011)年には軸組構法の88%に達している。

4.2 林業行政における政策と規制　　131

産業活力開発五ヵ年計画」に基づく緊急対策の推進である。

　需要拡大・合理化の項目は，平成2（1990）年度から「国産材の流通体制整備及び木材需要の拡大」となった。国産材という言葉は章のタイトルにも含まれるようになり，昭和59（1984）年度の第1部I章の「国産材時代への挑戦」から5年を経て，施策に本格的な国産材対策が盛り込まれることとなった。これは4.2.2項で紹介した「流域管理システム」の構築の一環と考えられ，生産から加工・流通まで一体となった国産材の安定供給体制を総合的に整備する対策が実施されるようになった。そして，外材に対抗し，品質の優れた製品を供給する差別化，品質管理体制の整備などにより地域材のブランド化も推進された。

　平成6（1994）年度から需要の拡大にエンジニアリングウッドという言葉が見られるようになった。正しくはエンジニアドウッドであるが，非木質系資材に対する競争力を木質材料に持たせ，利用分野の拡大に取り組むとしている。

　平成7（1995）年度以降，枠組みが変わるとともに，国産材の言葉は消された。なお，平成9（1997）年度から特用林産物の項目は林業経営関連に移され，木炭や燃料関係には触れられなくなった。

　平成6（1994）年度から木質廃棄物の再資源化，平成9（1997）年度はLCA（ライフサイクルアセスメント）など環境関連の内容も増え，平成10（1998）年度からは持続可能な森林経営に資する森林認証・ラベリングへの取り組みも始められた。平成11（1999）年度からは二酸化炭素の排出削減として，木質バイオマスのエネルギー利用が復活した。

　平成8（1996）年度は，林野三法の一つ「木材の安定供給の確保に関する特別措置法」が施行され，法に基づき木材の生産・流通体制の整備関連の施策が強化された。さらに，平成14（2002）年度から，4.2.3項で触れた「林業・木材産業構造改革プログラム」が木材産業関連施策の根拠付けに用いられるようになった。

　平成16（2004）年度から「新流通・加工システム」，続いて平成18（2006）年度から「新生産システム」の取組が始められた。新生産システムは，施業の

132   4. 法律に基づく政策や規制

集約化，安定した原木供給，生産・流通・加工の各段階におけるコストダウン，ニーズに応じた効率的な流通，加工体制の構築等の取組を川上から川下まで一体となって実施するものである。これらの取組により，地域材の利用量の増加，素材生産コストの削減，原木直送割合の増加，山元立木価格の上昇などの効果が見られている。

　国産材の需要拡大に関しては，平成25（2013）年度は，木材利用ポイント事業を実施した。これは，住宅を新築あるいは増改築する際，木造住宅を建てる，内・外装材に木材を使用する，木材製品やペレットストーブを購入することでポイントが付与される（3通り別個にポイント）。そのポイントで地域の農林水産品などの商品やサービスと交換でき，地域材（国産材）の利用と地域（農山漁村経済）の振興を図るものである。単年度の予定であったが，平成25

(ティータイム)

エンジニアドウッド

　木材は，生物由来であるため，そのままでは個体差があり，目視による等級付けでは，非木質の工業製品に比べ，強度設計などの面で使いづらいことがあった。

　エンジニアドウッドは，他の工業製品並みに品質を保証する，性能評価を取り入れた木質材料を指す。構造用製材にあっても，JAS の目視等級区分は当てはまらないが，機械等級区分により E90 などの曲げ性能が示されているものはこれに当たる。なお E90 は曲げヤング係数が，7.8 以上 9.8 GPa 未満を表し，E50 から E130 まで 20 刻みの 6 段階になっている[40]。

　エンジニアドウッドは他に，構造用集成材や構造用合板，構造用 LVL（laminated veneer lumber，単板積層材），OSB（oriented strand board，配向性ストランドボード）などがある。また，これらを組み合わせた I 型梁もつくられている。

　これから普及が進むと考えられるのが，CLT（直交集成板）である。Cross-Laminated-Timber の略で，集成材（glue-lam：laminated wood）がラミナ（ひき板）の繊維方向をそろえて接着するのに対し，CLT は 3 層以上で直交方向に交差させて接着したものである[41]。構造用集成材は梁などの軸材として用いられるが，CLT は強度性能を有した面材となる。

(2013) 年度補正予算で増額され，翌平成 26（2014）年の 9 月末まで延長されることになった（ポイント利用は平成 27（2015）年 5 月末まで）[42]。事業者の認定，対象工法，対象となる地域材，登録建築材料については合法性や持続可能性などの基準が設けられ，それらの手続きなどは都道府県の協議会または有識者委員会で行うようになっている。ただし，このうちの工法や地域材については，スギ，ヒノキ，カラマツ，トドマツなど日本における人工林材が予め対象として認められている。

この事業に対して，カナダはルールに抵触するとの質問書を WTO に提出し，アメリカ，EU も賛同した。これに対し政府は WTO 事務局に外材にも開かれた仕組みだと回答している[43]。樹種と工法を決める委員会では，提出された申請書類を中立かつ客観的に審査するとしているが，非公開である。平成 25 年 10 月の会合では国内外 8 件の申請に対し，データ不足による継続審議となり[44]，12 月にアメリカ産ベイマツ（ダグラスファー）を対象地域材に認定[45]，さらに翌年 3 月にはオーストリアのホワイトウッド（オウシュウトウヒ）も認定された[46]。

国産材の需要拡大，自給率アップについては，4.1.5 項で紹介した公共建築物等木材利用促進法も目的は国産材の利用拡大を狙ったものだが，WTO 協定の「内外無差別の原則」に抵触するような国内生産の優遇や外国製品の排除の条項は設けられない。しかしながら，内外無差別との整合を図りつつ，国内の森林の適正な整備を図る観点から，その対象を「国内において生産された木材その他の木材」と規定し，国産材の利用拡大の重要性を示している[47]。

このように，日本の森林，林業の再生のため，木材自給率を上げるといっても，国際関係上，難しいこともある。

4.2.5 林業従事者と山村対策（人と地域）

林業を持続させるためには，それらを担う人材と，林業を担う人の暮らす地域も重要となる。施策も白書当初から林業従事者，労働力に関するものが組まれていた。また，山村振興や，森林組合の合併などに関する林業団体等も林業

134　　4.　法律に基づく政策や規制

生産の増大や労働力につながるものである。

　林業労働は，季節や天候などの自然の制約と，事業体の経営基盤の脆弱性か
ら，雇用の不安定性，労働条件や福祉水準，労働災害の発生頻度などの問題を
抱えている[48]。施策はその改善に向けたもので，それによる労働力の確保を
目指している。

　まず林業従事者関連では，林業経営者および技術者の養成確保として，高
校，大学における学校教育の充実や，林業教室等による社会教育等の充実と，
林業労働者の福祉向上と養成確保として，機械化や労働災害防止などによる労
働条件の改善，社会保障の拡充，職業訓練等の充実が取り組まれていた。

　高校教育に関しては「産業教育振興法」（昭和 26（1951）年成立）に基づ
き，施設，設備の整備に対する助成も行われた。また，大学においても国立大
学に林学科，林産学科等の新設や講座の増設，大学院の強化充実を図るととも
に，演習林におけるブルドーザー等の設備を充実させ近代化を図ることなどが
行われていた。

　社会教育等は後に，山村青年教育等へと移行し，従前からの指導的林業青年
及び近代的な林業経営を担う後継者の養成を図るため，林業教室や林業技術交
換研修への助成が行われた。昭和 53（1978）年度からは林業後継者育成事業
の推進として，それまでの施策の体系化を図り，後継者の資質向上，グループ
活動の強化などに対する助成となった。

　職業訓練として，「職業訓練法」（昭和 33（1958）年成立）に基づく林業関
係の職種に製材機械工，製材工があったが，昭和 44（1969）年に同法が廃止
され，「職業能力開発促進法」に移行した際に林業関係がなくなったようで，
昭和 45（1970）年度の白書から職業訓練に関する項目はなくなっている。

　昭和 40（1965）年度から林業労働力対策が取り組まれるようになり，労働
力の需給動向や就労意向の調査やその結果の周知徹底，就業改善連絡活動など
が行われた。昭和 41（1966）年度からは林業労働者の通年的雇用を促進させ
るための取り組みが行われた。昭和 45（1970）年度には就業対策を改め，雇
用の長期化，安定化の推進と社会保障制度の基盤整備を目的とした林業労働者

通年就労促進対策,林業労働力流動化対策が実施された。さらに昭和46 (1971)年度からは従前の就業対策と労働問題啓蒙対策の内容の拡充として,雇用の安定と労働災害の防止を図るための林業労働環境整備促進事業を実施,これにより安全衛生または広域的就労に資する施設,機械器具等の整備や労働安全に関する講習会,研修会等への助成が行われた。昭和47 (1972) 年度から,林業労働力の減少に対処し,林業の生産性を向上させるため,林業従事者に対し機械化訓練の実習指導を行う林業技術実習指導施設の整備が行われた。

昭和56 (1981) 年度は,都道府県が若年林業労働者に一定の資格,免許,技術等を教育によって習得させ,基幹林業作業士(グリーンマイスター)として認定登録する事業を発足させ,これに助成を行っている。また,林業労働者の就労条件の改善として,「中小企業退職金共済法」(昭和34 (1959) 年成立)に基づき,林業に係る中小企業退職金共済事業を昭和57 (1982) 年1月から開始している。

労働災害に関しては新産業災害防止5か年計画で,林業災害を昭和37 (1962)年度から昭和42 (1967) 年度までにおおむね半減する目標に加え,昭和40 (1965) 年度に,「労働災害防止団体等に関する法律」(昭和39 (1964) 年成立,現労働災害防止団体法)に基づく労働災害防止実施計画において,林業(伐木および集運材機械災害)を労働災害の防止に関し重点を置くべき業種に定めた。このために,安全衛生意識の高揚を図るとともに,安全衛生管理組織の整備や作業環境の改善,教育の徹底を重点に,事業主に対する監督指導を強化した。

昭和43 (1968) 年度の白書に職業性疾病という言葉が使われ,翌年度は加えて振動障害とあり,この頃にチェーンソーや刈払機による白ろう病が社会問題となったのであろう。その対策として,振動機械の改良と代替機械の開発,防振手袋の製作や作業基本動作の徹底,振動機械の操作時間の規制などが実施された(p.15のティータイム「世界に誇る林業機械,チェーンソー」を参照)。

昭和47 (1972) 年制定「労働安全基準法」の規定に基づき,昭和48 (1973)年度を初年度とする労働災害防止計画が策定され,林業においては,機械集材

136　　4.　法律に基づく政策や規制

災害，伐木災害および振動障害の防止を重点に，基準の整備，予防措置及び事業主等に対する指導監督を強化した。さらに昭和49（1974）年，林業における労働環境の改善と災害防止の指針として「林業労働環境・安全施業基準」を制定している。

　このような対策を行っても従事者の減少と高齢化が進んだことから，平成8（1996）年に林野三法の一つである「林業労働力の確保の促進に関する法律」を制定し，それに基づき都道府県知事が策定する「林業労働力の確保の促進に関する基本計画」や，事業主が作成する労働環境の改善や事業の合理化などの必要措置の計画を認定する都道府県に対し経費の助成を行った。また都道府県知事が指定する「林業労働力確保支援センター」を通じた林業就業促進資金の貸付けなどの支援対策や，労働災害の防止などの労働安全衛生対策が推進された。また，作業間断時や広域就労に必要な施設，高性能林業機械の整備等で，労働内容の改善や労働安全の確保なども進められている。

　労働関連の施策は平成12（2000）年度以降，林業経営関連の施策と統合され，実施されている。平成13（2001）年度からは女性の参画と高齢林業者の活動についても取り組まれるようになった。平成15（2003）年度からは「緑の雇用」事業により，新規就業者の確保・育成を推進してきた結果，新規就業者数は大きく増加している [49]。

　一方，労働力の確保は，人を対象とするだけでは成り立たない。その人々が生活する地域，山村の対策も重要となる。ここで山村という言葉だが，日本には平地林がほとんどなく，森林の多くは山にあり，森林＝山という概念がある [18]。その意味で農村，漁村に対し，林村ではなく山村と呼ばれるのであろう。むろん，山間にあるということもあるが，山村は林業を営む集落という意味で用いられている。

　その山村は，労働人口の減少や労働力の質低下が進み，森林の維持や開発が困難になるとともに，山村の社会経済機能が低下しつつある状況から，その対策を目的に昭和40（1965）年に山村振興法が制定された。同法における山村の定義は，林野面積の占める比率が高く，交通条件および経済的，文化的諸条

件に恵まれず，産業の開発の程度が低く，かつ住民の生活文化水準が劣っている山間地その他の地域としている。そして同法に基づき，山村における経済力の培養と住民福祉の向上を図るため，山村の産業基盤や生活環境の整備に係る施策が行われている。林業関係施策の具体的な内容は山村地域における交通網としての林道整備や過疎地域の振興などとなっている。

最近は都市と山村の交流や，UJI ターンでの定住を図る生活環境施設の整備等が推進されるようになった。山村対策は平成 18（2006）年度以降，林業経営関連の施策に統合され実施されている。山村再生対策に，平成 21（2009）年度から木質バイオマス利活用施設整備や森林整備・木質バイオマス利用による CO_2 の吸収・排出減のクレジット化などの施策も組み込まれるようになった。なお，表 4.4 の山村振興で年度の中抜け期間は，「その他林政の推進に必要な措置」で実施されていた。

林業団体については，主として森林組合に関するものである。森林組合制度は日本の林業行政を支える 2 本の柱の一つで，森林組合なしに民有林行政は考えられないともされる[50]。昭和 37（1962）年当時，部分協業の施設森林組合と全面協業の生産森林組合があり，前者は 3 541 組合，後者は 465 組合であった。それ以前にも不振森林組合対策として合併奨励事業が実施されたが，民有林経営の改善，林業就業者の所得向上などに森林組合の役割が大きくなるとして，昭和 38（1963）年に森林組合合併助成法を制定するとともに，租税特別措置法の改正により，さらなる合併を推し進めるようになった。また，「農林漁業組合連合会整備促進法（昭和 28（1953）年制定）」に基づき，経営の不振な森林組合連合会に対し，立て直しに助成するなど，整備促進を図ることとなった。ほかに森林組合等の指導監督として都道府県が行う森林組合職員の研修への補助や，都道府県の森林組合検査担当や連合会職員に対する中央研修などを行っている。昭和 40（1965）年度からは木材関係協同組合の育成が加えられた。その後，昭和 46（1971）年度から平成 9（1997）年度まで，その他林政の推進に必要な措置に組み込まれていたが，平成 10（1998）年度からは林業労働力関連に，平成 12（2000）年度からは林業経営の細部の項目として組

138　　4.　法律に基づく政策や規制

み込まれ，その重要性が低くなった印象を受ける。その後も，枠組みが変わる中で実施されていたが，平成23（2011）年度から団体の再編整備に関する施策として章に復活した。その内容は，指導や検査の実施と東日本大震災で被災した組合に対する助成となっている。

4.2.6　国土の保全と森林整備

　森林の機能は，木材の供給ばかりではない。古くから土砂災害や水害を軽減する意味合いで，森林が用いられてきた。また林学の分野には，砂防工学があり，森林の水源かん養機能や根系による地滑り，土砂災害の防止などの研究を行っている。

　このように森林は国土の保全にも活用され，森林法ではそのための森林として保安林を指定し，適切な施業を行うこととなっており，その機能を補完するものとして治山事業が位置付けられている。治山事業は公共事業にあたり，森林の公益的機能の維持・増進のための森林整備や水資源のかん養・国土保全機能・山地災害の防止などを目的としている。

　昭和45（1970）年度まで，「国土保全」として保安林の整備と治山事業の拡充を施策として取り組んできた。治山事業の拡充は予防対策だけではなく，災害復旧事業も実施されている。

　昭和46（1971）年度からは「森林のもつ公益的機能の維持増進」になり，上記に加え保健休養のための森林整備が実施されるようになるとともに，公益的機能の計量化調査（みどりの効用調査）が実施された。さらに昭和47（1972）年度からは，緑化の推進が盛り込まれた。

　また，保安林以外の森林において，林地の大規模な転用により，土砂の流出・崩壊，水源の減退，環境の悪化等の問題が生じていることから，昭和49（1974）年に森林法の改正により，林地開発許可制度が施行され，地域森林計画の対象である民有林において一定規模を超える開発行為には都道府県知事の許可を要することになった。そこで昭和49（1974）年度から林地開発許可制度の実施として，審査，監督及び事務手続に対する指導と助成が加わった。

4.2 林業行政における政策と規制 139

　昭和62（1987）年度から，それまで林業生産に組まれていた森林の保護及び損害てん補を，公益的機能に移行して実施されるようになった。また平成5（1993）年度から，野生動植物の保護の推進が加わった。

4.2.7 国有林野政策

　林業行政上で大きな存在となるのが国有林野事業である。国有林は，国が保有する森林で，日本の国土面積の約2割，森林面積の3割を占める[51]。そのうち約7割は天然林である。

　戦後の昭和22（1947）年，林政統一によりそれぞれ別々に管理されていた国有林（農林省），皇室所有の御料林（宮内省），北海道国有林（内務省）が，現在の国有林の体制にまとめられ，農林省管理となった[52]。その管理の体制は，林野庁を頂点に，地方の森林管理局とその下部組織の森林管理署が担っている。後述する抜本的改革以前は，営林局，営林支局，営林署となっていた。

　国有林野事業は，戦後，「国有林野事業特別会計法」に基づき特別会計として運営され，木材の供給元としてその売り払いにより，当初は黒字を出し，昭和39（1964）年度には一般会計に50億円もの繰入れを行っており，34年度からの合計は166億円に達した[52]。

　白書において，第1部の動向では，当初，林業経営の中で触れる程度であった。一方，第2部の施策においては，昭和39，40（1964，1965）年度は構造改善に関する施策の中で，国有林野の活用を紹介する程度であったが，昭和41（1966）年度からは章の一つとして取り上げられ，構造改善のための活用のほか，一般地元施設制度，保健休養の場としての活用と，林政協力事業が示されるようになった。林政協力事業とは，昭和34（1959）年度から公有林野等官業造林事業，民有保安林買入れとその治山事業，関連林道の開設，林木育種事業の実施と，特別会計の利益の一部を林業振興費用財源として一般会計に繰り入れるというものである。この林政協力事業は昭和45（1970）年度まで行われていた。一方で，国有林野内の治山事業については，一般会計から支出するようになっていた。

140   4. 法律に基づく政策や規制

　その後の外材との競合による材価の低迷や戦後の大量伐採による良質材の減少と資源的制約に伴う伐採量の減少，自然保護等の要請による伐採制限などにより収入が減少し，昭和44（1969）年度を境に経営が悪化，昭和46（1971）年度には大幅な赤字が生じるようになった。昭和47（1972）年度の白書では，第1部Ⅲ章に「国有林野事業の課題」として，その状況と，林政審議会による国有林野事業の改善についての答申に触れ，課題として事業の健全化を図る必要性を紹介している。その後，答申の趣旨に沿う諸措置を織り込んだ経営基本計画（昭和48〜62（1973〜87）年度）に基づき，改善の実施が進められたが，財務は木材価格の低迷と，人件費を中心とする諸経費の増加により悪化傾向にあった。経営基本計画は途中の昭和51（1976）年に変更され，実施されたが，さまざまな要因により経営改善の成果が十分に達成されないことから，昭和53（1978）年に「国有林野事業改善特別措置法（以降，国有林事業特措法）」を制定することとなった。これに基づき「国有林野事業の改善に関する計画」を策定，さらにこの計画を具体化するものとして昭和54（1979）年に「国有林野事業経営改善実施方針」を，またこれらの趣旨を踏まえ「営林局・営林支局経営改善実施計画」を定め，組織の簡素化などが行われた。そのような状況の中，昭和58（1983）年に臨時行政調査会の答申において，国有林野事業に対して，事業内容，業務の合理化，組織機構の改革などの提言があった。これを受けた形か，昭和58（1983）年度の白書第1部でⅣ章に「林政の推進と国有林野」と題して，それらの推移，現状，向かうべき方向を紹介している。その中で，林政審議会は国有林野部会を設置し，国有林野事業の改革推進の在り方について調査審議を行い，翌年「国有林野事業の改革推進について」の答申を行った。これらの提言，答申に沿って「国有林事業特措法」を改正，合わせて新たな改善計画（新改善計画）を策定した。昭和59年度は新改善計画の初年度とし，国民の参加による国有林の資源整備の促進と収入の確保に資するため，4.1.3項でも取り上げた分収育林制度（緑のオーナー）を開始したと記されている。昭和61（1986）年度の白書第1部に昭和58（1983）年度以来の章として国有林野事業を取り上げ，経営改善に努めたものの経営状況

は悪化していて，以降の10年あまりはさらに厳しい状況が続くと予想している。そこで，林政審議会は「国有林野事業の改善に関する計画の改訂・強化について」を答申，業務運営の一層の改善合理化，組織・機構の徹底した簡素化を図るなどとしている。これを受け昭和62（1987）年に改善計画を改訂・強化しているが，きわめて厳しい状況は続いた。

平成2（1990）年林政審議会は「今後の林政の展開方向と国有林野事業の経営改善」を答申，① 森林の機能類型に応じた経営管理，② 累積債務の処理方策，③ 事業実行形態，組織機構，要員及び公益的機能発揮等の費用負担の在り方の方向を示した。この答申に即し，政府一体で経営改善に取り組むため「国有林野事業経営改善大綱」を閣議了解した。そして平成3（1991）年に「国有林事業特措法」を改正し，これに基づく新たな改善計画を策定，平成22（2010）年度までに国有林野事業の経営の健全性を確立する目標を掲げている。

このような流れの中，森林に対する国民の意識の多様化を取り上げ，4.2.6項でも触れた国土の保全を含め公益的な機能も重要視されるようになり，国有林野事業の役割も徐々に変化してきたことから，平成3（1991）年に国有林野経営規定を改正し，重点的に発揮させるべき機能を国土保全林，自然維持林，森林空間利用林，木材生産林の四つに類型化して，地域別にそれぞれにふさわしい管理経営を行う施業管理計画を樹立した。そして，森林のもつ公益的な機能の発揮を期する観点で，平成4（1992）年度から造林，林道，保安林などの事業に要する経費の一部につき一般会計から繰り入れて行うようになった。

一方国有林野事業の財務状況は，収支の改善に努めてきたにもかかわらず，自己収入の比率が低下し，一般会計からの繰入れや借入金の比率が増加した。また，支出は長期借入金利子・償還金の比率が高まった。

このような状況に対し，林政審議会における検討と平成8年に閣議決定された「行政改革プログラム」に沿って，国有林野事業の経営健全化のための抜本的改善策を検討，策定することとなった。

そして平成10（1998）年，「国有林野事業の改革のための特別措置法」，「国有林野事業の改革のための関係法律の整備に関する法律」が施行され，抜本的

改革が推進されることとなった。その内容は，① 公益的機能を重視した管理経営へ転換すること，② 雇用問題及び労使関係に十分配慮しつつ，組織・要員の徹底した合理化，縮減を行うこと，③ 独立採算性を前提とした企業特別会計制度から，公益的機能が高い森林の適切な管理等のための一般会計繰入を前提とした特別会計制度へ移行すること，④ 累積債務処理のため，可能な限りの自助努力を前提としつつ，これを上回る債務を一般会計へ帰属させることなどを基本としている。抜本的改革の基本的な考え方は，国有林野を「国民の共通財産として，国民参加により，国民のために」管理経営するというものであり，情報の公開やさまざまなサービスの提供などを積極的に進めることで「開かれた国有林」を具体化しつつ，財政の健全性を回復し，公益的機能の発揮，林産物の供給，地域の振興などの使命を果たすというものである。これにより，国民の期待や要望に沿って管理経営が行われ，国民全体の利益を増進し，国民にとって身近な存在にするといったことで，国有林野事業は「国民の森林」として位置付けられることとなった。

　この抜本的改革以前は，収入確保の面で木材供給が積極的に行われてきたが，近年は森林の多様な機能を意識し，持続可能な森林経営と森林の持つ公益的機能を重視した運営になっており，木材としての供給は少なくなった。

4.2.8　時代の変化と政策の転換

　21 世紀を間近に控えた平成 8（1996）年から平成 10（1998）年は，林業にとっても大きな転換期を迎えていた。

　4.1 節で紹介した平成 8（1996）年の「林野三法」に先んじて，平成 7（1995）年に施行された「緑の募金による森林整備等の推進に関する法律」に基づき，森林整備等を実施する緑の募金が国民運動として本格的に展開されることになった。これを受けて，平成 8（1996）年度からの白書に国民参加という言葉が使われるようになった。この言葉は，政策転換のキーワードとなっている。

　平成 8（1996）年度は，「林野三法」が施行され，施策の枠組みも一部変更された。その一つ，改正された「林業経営基盤の強化等の促進のための資金の

融通等に関する暫定措置法」に基づき，林業経営の安定化として，基盤強化のための基本構想を策定するとともに，林業経営体の作成する「林業経営改善計画」の認定を推進することとなった。他の二法関連の事項は，4.2.4 項，4.2.5 項で触れたが，これらは流域管理システムの下で，川上から川下までの総合的な対策となっている。施策（白書）の上では，林構事業，林業技術の向上，林業後継者の育成等の施策もこの項目と組み合わされ，「林業経営の安定化」として実施されることとなった。

政策転換はさらに，林政審議会から平成 9（1997）年に「林政の基本方向と国有林野事業の抜本的改革」，平成 12（2000）年に「新たな林政の展開方向」の答申が出されることで，推し進められることとなった。そして平成 10（1998）年に前述の国有林野事業の抜本的改革が行われた。平成 12（2000）年には「林政改革大綱」および「林政改革プログラム」が公表され，平成 13（2001）年に林業基本法から森林・林業基本法への改正とそれに伴う森林法の改正がなされている。

政策転換にあたって，平成 10（1998）年度から白書第 1 部の冒頭に，それまでの「はじめに」や「序説」に代わり，「基本認識」が数ページにわたって示されるようになり，表題も付けられている。その表題と小項目を**表 4.6** に示す。これらには日本の森林の現状と林業の停滞，21 世紀に向け地球環境やエネルギーへの課題が想定されるなか，木材の良さを認識し，森林・木材を活

表 4.6　林業白書「基本認識」の表題と小項目

年度									
平成 10	表題	―健全な森林を 21 世紀に引き継ぐために―							
	小項目	我が国はなぜ世界有数の森林国になり得たか	変化に富んだ我が国の森林	資源が成熟化する中での林業の停滞	なぜ林業は停滞しているのか	健康に良く環境に優しい木材の利用促進による森林の整備	木材の品質を高めるための取組	21 世紀の社会と木材利用	健全な森林を 21 世紀に引き継ぐに
平成 11	表題	―世紀を超えて森林活力を維持していくために―							
	小項目	21 世紀は森林活力を活かす時代	循環型社会が求める森林と木材の活用	持続可能な森林経営への取組	従来の政策が効果を発揮しにくい状況の出現	森林を社会で守り育てる取り組みが必要	新たな基本政策の確立に向けて		
平成 12	表題	―21 世紀に森林を守り育てていくために―							
	小項目	持続可能な社会に貢献する自然界の物資循環システム	森林資源の循環利用と再生産可能な木材の活用	先人たちが苦心して守り育てた我が国の森林	森林に対する国民からの要請の多様化・高度化	先人から引き継いだ森林の危険	政策の転換が必要な状況	新たな基本政策の再構築	

144 　　4．法律に基づく政策や規制

用した循環社会の構築と森林の持つ多面的な機能を重視した政策の必要性が示されている。なお，平成 15（2003）年度から平成 17（2005）年度にも「基本認識」が示されたが，表題はなく，ページ数も減り，ほぼ「はじめに」と同じ扱いである。

　平成 12（2000）年度の第 1 部 I 章では「これまでの林政と新たな基本政策の方向」として，林業基本法の見直しによる政策転換について触れている。要約に「これまでの木材生産の量的拡大を中心とした政策から，森林の多面的機能を持続的に発揮させる持続可能な森林経営を基本とする政策へと転換」とある。この流れは，林家の経営意欲の減退で，間伐が行われない，伐採跡地に再植林されないなどの森林が増加していることから，林野庁は森林政策を見直すべく，学識経験者や多くの国民の意見を聞くという手続きを経て，「林政改革大綱」と「林政改革プログラム」を取りまとめたことによる [18]。

　平成 10（1998）年度は国有林野の抜本的改革のほか，林業生産・森林整備は国土の保全関連の施策と組み合わされ，公益的（多面的）機能の発揮関連として実施されるようになった。そして，それまで以上に国民の理解と参加を促す，森林づくりや森林・林業教育の充実が図られるようになった。また，平成 10 年「地球温暖化対策推進大綱」が決定された中で，対策の一環として，CO_2 排出削減のための木材利用やその吸収源対策として森林整備等を推進していくとしており，平成 11（1999）年度以降，この項目の中に地球温暖化防止という言葉が使われるようになった。

　当初からあった林業金融，税制は，平成 13（2001）年度から概説の中で「税制上の措置」，「金融措置」として紹介されるだけとなった。

　政策転換とは別に，平成 4（1992）年の国連環境開発会議（地球サミット）の開催を契機に，国際的に持続可能な森林経営の確立に向けた動きが活発になったこともあり，平成 6（1994）年度から国際協力に関する項目が，その他の措置から独立して取り上げられるようになった。内容としては，国際協力事業団（JICA）や海外経済協力基金（OECF）などによる 2 国間協力，国際熱帯木材機関（ITTO），国際食糧農業機関（FAO）などを通じた国際協力，世界の

4.2 林業行政における政策と規制　　*145*

森林の持続可能な森林経営に向けた国際的な取組や国際緑化，海外林木育種技術に関する協力などである。なお，平成 25（2013）年度からは多面的機能に組み込まれて実施されるようになった。

4.2.9　合　法　木　材

　地球環境の面などから木材を利用する上で，規制をクリアした伐採木，すなわち合法木材の利用が求められている。世界的には，盗伐などの違法伐採による木材利用により環境破壊が懸念されており，最近は合法木材の利用を政府や業界が推進している[53]。これは，森林資源を持続的に利用していくため，持続可能な森林経営が求められていることによる。

　違法伐採について，白書で取り上げられ始めたのは平成 10（1998）年度で，バーミンガム・サミットに先んじて開催された G8 外相会合で「森林に関する行動プログラム」が発表され，そのなかに違法伐採対策の強化が盛り込まれたことがきっかけである。そして，平成 14（2002）年の「持続可能な開発に関する世界会議」（ヨハネスブルグ・サミット）での森林分野の成果として，アジア地域の持続可能な森林経営に向け，日本とインドネシアの提唱による「アジア森林パートナーシップ（AFP）」がアジア，欧米諸国，国際機関，NGO 等の参加により発足した。その取組事項には，環境に配慮した伐採や違法伐採対策ガイドラインの策定と実施が盛り込まれている。さらに，インドネシアで生産される木材の 5 割は違法伐採によるものとの調査結果もあり，おもな輸出先ともなっている日本は，同国との間で平成 15（2003）年に，その対策に両国間が協力する内容の「共同発表」と，インドネシアにおける合法伐採木材の確認・追跡システムの開発等を定めた「アクションプラン」を策定した。なお，このほかにも平成 21（2009）年の白書には，ロシアでは約 2 割が違法伐採と紹介されている。

　施策としては，平成 13（2001）年度から「適切な木材貿易の推進」として，海外の現状と対策の把握と，木材流通加工業者として可能な取組の検討を開始し，平成 15（2003）年度は AFP への民間レベルでの取組に支援するとともに，

共同発表・アクションプランに基づくインドネシアにおける違法伐採対策に着手した。

平成 18（2006）年度の白書から，第 1 部で違法伐採撲滅に向けた取組が紹介されるようになり，その中で同年 4 月に，グリーン購入法に基づく基本方針を改訂し，合法性，持続可能性が証明された木材・木材製品を政府調達の対象とする措置を導入したことや，同年 2 月に林野庁は「木材・木材製品の合法性，持続可能性の証明のためのガイドライン」を公表し，関連団体や企業が合法性,持続可能性の証明に取り組んでいることを紹介している。平成 20（2008）年度からは「合法木材」という言葉がつかわれるようになり，㈳全国木材組合連合会（全木連）はガイドラインに基づく合法性が証明された木材・木材製品の証明システムの普及啓発のシンボルとして，同年に図 4.5 に示す「合法木材推進マーク」を定めた[53]。同マークは，合法木材供給業者が使用申請により認証手続きを行って，チラシなどの印刷物やホームページへの掲載などに使われている。

図 4.5　合法木材推進マーク

4.2.10　森林・林業再生プラン

平成 21（2009）年，政権交代によって誕生した民主党政権の下，農林水産省はわが国の森林・林業の再生指針となる「森林・林業再生プラン」を公表した。イメージ図を図 4.6 に示す[54]。以降，具体的な施策の検討を行い，平成 22（2010）年 11 月に「森林・林業の再生に向けた改革の姿」をとりまとめた。これを踏まえ，平成 23（2011）年 4 月，森林法の一部を改正し，森林・林業再生プランを法制面での具体化を図った。

4.2 林業行政における政策と規制　147

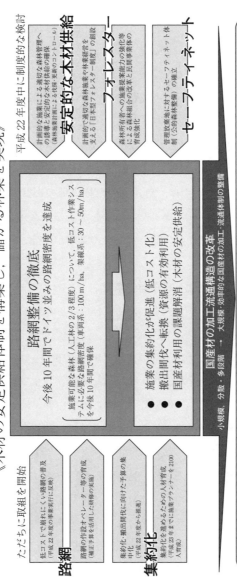

図4.6 森林・林業再生プランのイメージ図[55]

148　　4. 法律に基づく政策や規制

再生プランのキャッチフレーズは「コンクリート社会から木の社会へ」で，「森林の有する多面的機能の持続的発揮」，「林業・木材産業の地域資源創造型産業への再生」，「木材利用・エネルギー利用拡大による森林・林業の低炭素社会への貢献」という三つの理念の下，具体的には10年後の木材自給率50％超を目標としている。プランの実現に向けて，① 森林計画制度の見直し，② 適切な森林施業が確実に行われる仕組みの整備，③ 低コスト化に向けた路網整備等の加速化，④ フォレスターなどの人材の育成，となっている。その後，平成23年7月に閣議決定された「森林・林業基本計画」は，プランの実現に向けた取組を推進するものである。

平成24（2012）年度からは，自民党の政権復帰の影響か，白書から再生プランという言葉は見られなくなった。しかしながら，森林・林業基本計画を含め，政策の基本は受け継がれており，今後の動向が期待される。

4.2.11　森林整備加速化・林業再生事業

森林・林業再生プランが発表されたのと同じ年，政権交代前の自民党政権の下，緊急経済対策として，大規模な補正予算（総事業費57兆円，財政出動15兆円）が成立した。この補正予算は複数年度の対策とされた。その対策の一つとして，森林整備加速化・林業再生事業（緑の産業再生プロジェクト，事業費1238億円）が開始された。平成21（2009）年度白書では，事業名が記載されていないが，他の予算が減少するなか，森林整備に関する項目は増額され，特に森林整備・林業等振興対策の予算額が平成20（2008）年度から1130億円（469％）増え，また，平成23（2011）年度は平成20（2008）年度より減額されていることから，このなかに組まれていると思われる。政権交代が行われると，白書には前政権の政策を取り上げないようである。なお，自民党政権復帰後の平成26年度補正予算では，事業の延長と基金の積み増しが行われた。

本事業は，都道府県それぞれに基金（森林整備加速化・林業再生基金）を設け，地方公共団体，森林組合等の林業事業体・林業経営体，木材加工業者，木質バイオマス需要者等の幅広い関係者からなる協議会による地域の創意工夫を

活かした取組みを行うものである。その内容は，間伐および路網整備（定額助成），森林境界の明確化ならびに侵入竹の除去など里山再生の取組，間伐材のフル活用を図るための利用拡大に対応した製材施設・バイオマス利用施設・高性能林業機械等の整備，木質バイオマスや間伐材の流通円滑化の取組，学校の武道場や社会福祉施設など公共施設等での地域材利用などである。定額助成あるいは1/2補助で，協議会メンバーとなっている林業事業体等が実施している。

　当初の事業期間は平成23（2011）年度までであったが，東日本大震災の発生に伴い補正予算が組まれ，復興木材安定供給等対策事業として，被災地以外にも基金に積増しを行うとともに，事業期間の延長が図られ，平成26（2014）年度まで実施されることになった。また，同時に森林・林業人材育成加速化事業として基金に積み増しされ，森林・林業の再生に必要な人材育成のメニューが加えられた。

　積増し分の内容は，「被災地に対し復興に必要な木材を安定供給するために必要な搬出間伐の実施，路網や木材加工施設の整備等川上から川下に至る総合的な取組を支援する」となっている。なお，この復興事業については，復興庁から使途厳格化の徹底の指示が出されている。

5

持続可能な林業の可能性

　第1章～3章にかけて，林業の生産性を素材，副産物，エネルギーの観点から確認し，第4章では法律による林業の補助態勢とその変遷を確認した。これらをうまく組み合わせることによって，林業を経済的に持続可能な形で運営することはできるだろうか。この最終章では，これまでに確認した内容を踏まえて，経済的な林業経営を実現する可能性を検討する。

　計算を簡単にするために，$1\,\mathrm{km}^2$ の面積における定常的な林業経営を考える（**図5.1**）。定常的というのは，本来50年の周期で植林から主伐までを行うものを，毎年同じだけの植林を行い，毎年同じだけの間伐を行い，毎年同じだけの主伐を行い，毎年同じだけの副収入が得られるというように1年当りの平均値で考えるということである。これは，対象とする森林を50分割して，毎年順番に植林し，間伐し，主伐し，副収入を得る，というように循環的に森林を経営することに相当する。現実には，小面積でこのような周期的栽培を行うことは考えにくいが，50年分の利益と収益を全部足し合わせて，1年ごとに割り振ったと考えてもよい。

　まず，$1\,\mathrm{km}^2$ 当りの生産量を振り返っておこう。日本において平均的な森林の成長量は，乾燥重量で5トン／(ha・年) である。大規模な林業機械を導入して適切な生産を行えばこの2/3ほどが素材として回収でき，1/3が林地残材として発生する。$1\,\mathrm{km}^2$ 当りで考えれば，素材は334トン-dry，林地残材は166トン-dry となる。

　これらの数字に基づいて，森林 $1\,\mathrm{km}^2$ からの収入を計算する。第1章で見た

5. 持続可能な林業の可能性　　151

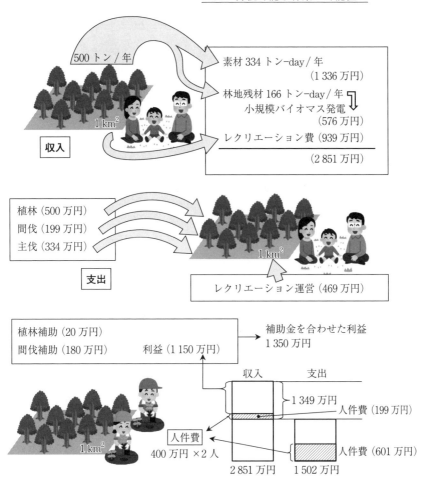

図 5.1　定常的な林業経営の例

とおり，素材価格は 1 m³ 当り 15 000 円程度が見込める．素材 1 m³ はおよそ 0.5 dry-トンなので，1 トン-dry 当りでは 30 000 円が得られる．334 トン-dry では 1 336 万円である．一方，第 3 章で見たとおり，林地残材を小規模バイオマス発電すれば，1 km² 当り 576 万円の収入が見込まれる．さらに，副収入を考える．第 2 章で見たとおり，森林には多面的な機能があり，表 2.2 のように経済性が評価されている．項目は多く，総額も大きいが，この大部分は，森林

152　　5. 持続可能な林業の可能性

がなかったらこれだけの金がかかったという機会費用であり，そのまま収入として扱うのは難しい。唯一，レクリエーション費だけが実際に得られている収入であるので，これを 1 km^2 当りに換算して用いる。日本の森林 24 万 km^2 から，レクリエーション費が 2 兆 2 546 億円得られているので，1 km^2 当りでは 939 万円程度が期待できる。これらを合わせると，1 km^2 の森林からの収入は 2 851 万円となる。

　一方，これらの森林経営のために必要な支出も考慮する必要がある。およその値であるが，植林に必要な金額は 1 ha 当り 250 万円，間伐に必要な金額は固定価格買取制度の想定を使って 12 000 円 / トン-dry，主伐に必要な金額は機械化をして 5 000 円 /m^3 である。さらに，レクリエーションは利益率が 50％程度と見積もって，支出は収入の半分であるとする。

　すると，1 km^2 当りで植林に必要な金額は 2 億 5 000 万円となるが，これは 50 年の間に 1 回だけ必要になる支出なので，1 年当りにすればこの 50 分の 1 で 500 万円である。間伐は 1 年当りに 166 トン-dry を行う必要があるので，199 万円の支出となる。主伐は 1 m^3 当り，すなわち 0.5 トン-dry 当りで 5 000 円なので，10 000 円 / トン-dry となる。334 トン-dry を主伐するので，334 万円の支出である。レクリエーションは収入の半分が支出として 469 万円となる。これらを積算して，1 km^2 の森林の経営に伴う支出は，1 502 万円である。なお，ここでは概算であるので主伐に伴って発生する林地残材である末木や枝条は間伐と同じだけのコストがかかっているとして扱っている。

　結局，1 km^2 の森林経営の利益を概算すると，収入が 2 851 万円，支出が 1 502 万円だから，毎年 1 349 万円の利益が得られる計算になる。

　もっとも，この森林経営の労働者が生活していけることが求められるので，支出に含まれる人件費が不十分だと利益から不足分を差し引く必要がある。支出の 40％が人件費として概算すれば，支出が 1 502 万円より人件費は 601 万円である。機械化を十分に行って 1 km^2 を 2 人で管理・経営したとして，人件費は 400 万円 / 人として 800 万円が必要である。このため，不足する 199 万円を利益から回す必要があるので，これを考慮すれば利益は 1 150 万円となる。

実際には，第4章で述べたように，さらに多くの補助金を利用することができる。第4章では具体的な数字を述べていないが，植林を行うと1 ha 当り10万円，1 km² 当りでは1000万円の補助が得られる。これは，50年に1回のことなので，1年当りの平均とすれば20万円／(km²·年) となる。また，間伐には1 ha 当り30万円，1 km² 当り3000万円の補助が得られる。通常，間伐は3回行うので，この金額を3倍して50年で割れば，180万円／(km²·年) となる。得られる補助金はこれらを合計して200万円／(km²·年) であり，これを合計すれば，利益は1350万円となる。

適切に運営すれば，いまのシステムで日本の林業は1 km² 当り毎年1350万円の純利益を出す可能性がある。林業機械を導入し，林道を整備する初期コストが必要となるとしても，十分に経済的な林業経営は可能と考えられる。

にもかかわらず，現実にこれが実現されていない理由は，現在の林業が手入れを怠ってきたために現在生えている木を伐採しても赤字になり，さらに植林を行って，間伐をするなどの手入れをしても50年間は有効な収入が得られないこと，50年後にこれだけの収入が確保できるかどうかが見通せないということ，そして，1 km² 単位となるような面積の森林を安定して保有している林業家が限られていることによるものであろう。若い世代の多くは生活のために都会に出て行く。残された林業従事者は高齢化が進む。高齢者にとって大型林業機械を導入するための工学的知識は近寄りがたいことが多く，さらにここ数年，安価な外材のために国内の材木の販売は限定されていたために大型林業機械購入のための蓄えもない。高齢化した林業事業者が亡くなると，まとまった土地は分割されて相続されるために1 km² の経営を行う上での合意を得ることが困難になる。相続した子供や孫は林業に携わったこともなく，自分の土地がどこからどこまでかもわからない。また連絡を取ることさえ困難であり，林道一つ通すにも，まとめて森林経営を行うにも信じられないような手間がかかる。

これらのことは，すでにいままでにも指摘されている林業経営上の問題であるが，定量的な経済性の議論を踏まえて見れば，十分に持続可能な経営が可能な態勢が実現されているにもかかわらず，そのサイクルに林業経営を乗せるた

154   5. 持続可能な林業の可能性

めの余裕が得られないことが一番の問題であることが明らかである。大型機械を購入し，収入が得られないままに50年間を待ち，多少の補助を得たとはいえ，大型機械を購入するための予算を有する林業家はまず存在しない。個人が無理なら組織や国が運営を行うことになろうが，それでも容易な経営ではない。

この書籍の目的は，林業に関する基本的な情報を提供するとともに，素材，副産物，エネルギー，法的補助による収入によって行う経済的な林業経営の可能性について議論することである。結論として，しっかりしたサイクルさえ組めば経済的に持続可能な経営は可能である。しかしながら，サイクルに載せるための初期投資と土地所有のしくみがその実現を阻んでいる。つぎの政策は，これらの問題解決に向けてなされるべきではないだろうか。

引用・参考文献

1章

1) 林野庁 編："森林・林業統計要覧 2013"，日本森林林業振興会（2014）

2) 林野庁ホームページ／全国森林計画の策定について：http://www.rinya.maff.go.jp/j/rinsei/singikai/pdf/13042631.pdf（2014年3月15日現在）

3) 林野庁ホームページ／森林資源現況総括表：http://www.rinya.maff.go.jp/j/keikaku/genkyou/h24/pdf/soukatsu_zenkoku_h24.pdf（2014年3月15日現在）

4) 林野庁ホームページ／平成25年版森林・林業白書参考資料：http://www.rinya.maff.go.jp/j/kikaku/hakusyo/24hakusyo_h/material/index.html（2014年3月15日現在）

5) 熊崎実："木質バイオマス発電への期待"，全国林業改良普及協会（2000）

6) 林野庁ホームページ／平成24年度森林・林業白書全文：http://www.rinya.maff.go.jp/j/kikaku/hakusyo/24hakusyo_h/all/index.html（2014年3月15日現在）

7) 農林水産省ホームページ／平成18年度森林・林業白書関連参考資料：http://www.maff.go.jp/hakusyo/rin/h18/html/sankou.htm（2014年3月15日現在）

8) 林野庁ホームページ／平成21年度森林・林業白書全文：http://www.rinya.maff.go.jp/j/kikaku/hakusyo/21hakusyo_h/index.html（2014年3月15日現在）

9) 林野庁ホームページ／平成23年度森林・林業白書全文：http://www.rinya.maff.go.jp/j/kikaku/hakusyo/23hakusyo_h/all/index.html（2014年3月15日現在）

10) 高田眞："農林水産業の活性化に向けて⑤—林業の動向と課題—"，SCB産業企業情報，**21**-11，p. 15（2009-07）

11) T. Yoshioka, T. Kobayashi, K. Sugiura, and K. Inoue："Feasibility of integrating fragmented, small-size, and dispersed private forest areas：A case study on the Odawara City Forest Owners' Association, Kanagawa Prefecture", J. Jpn. For. Eng. Soc., **23**, 4, pp. 227〜232（Mar 2009）

12) 林野庁ホームページ／森林・林業再生プラン実践事業の概要・欧州フォレスターからの提案・助言の概要：http://www.rinya.maff.go.jp/j/kanbatu/kanbatu/hojyojigyou/pdf/01-20.pdf（2014年3月15日現在）

156　引 用 ・ 参 考 文 献

13)　林野庁ホームページ／国産材の加工・流通・利用検討委員会最終とりまとめ：
http://www.rinya.maff.go.jp/j/mokusan/saisei/pdf/kokusan_saishu.pdf（2014 年
3 月 15 日現在）

14)　浅野猪久夫 編：木材の事典，朝倉書店（1982）

15)　日本エネルギー学会 編：バイオマスハンドブック，オーム社（2002）

16)　城代進 ほか編：（木材科学講座 4）化学，海青社（1993）

17)　東邦大学理学部：細胞壁の話　http://www.sci.toho-u.ac.jp/bio/column/017557.
html

18)　福島和彦 ほか編：木質の形成―バイオマス科学への招待―，海青社（2003）

19)　山崎亨史 ほか：第 6 回バイオマス科学会議発表論文集（2011）

20)　島地謙 ほか：木材の組織，森北出版（1976）

21)　中戸莞二 編著：新編木材工学，養賢堂（1985）

22)　(財)日本木材備蓄機構：木材利用啓発推進調査事業報告書―衝撃編

23)　日本木材総合情報センター：木質系資材等地球環境影響調査報告書（1995）

24)　中島史郎 ほか：木材工業，**46**，3，pp.127〜131（1991）

25)　農林水産省告示：製材の日本農林規格　http://www.maff.go.jp/j/jas/jas_kikaku/
pdf/kikaku_40.pdf

26)　桑原正章 編：もくざいと環境―エコマテリアルへの招待―，海青社（1997）

27)　深澤和三：樹木の解剖，海青社（1997）

28)　宮島寛：木材を知る本，北方林業会（1992）

29)　屋我嗣良 ほか編：（木材科学講座 12）保存・耐久性，海青社（1997）

30)　山崎亨史：林産試だより，2012 年 12 月号　http://www.fpri.hro.or.jp/rsdayo/
11212020407.pdf

31)　日本木材加工技術協会：日本の木材（1966）

32)　野呂田隆史：林産試だより，1983 年 5 月号　http://www.fpri.hro.or.jp/rsdayo/
18265027001.pdf

33)　土橋英亮：林産試だより，2008 年 7 月号　http://www.fpri.hro.or.jp/rsdayo/
10807020304.pdf

34)　(財)林業科学技術振興所：林地残材の収集・搬送に関する事前評価（1985）

35)　北海道：平成 20 年度林地残材の効率的な集荷システムづくりモデル事業報告
書（2009）

36)　山崎亨史 ほか：林産試験場報，**10**，5（1996）　http://www.fpri.hro.or.jp/
rsjoho/22264002001.pdf

引用・参考文献　　157

37) 山崎亨史 ほか：林産試験場報，**14**，5（2000）　http://www.fpri.hro.or.jp/rsjoho/20014510104.PDF

38) 山崎亨史 ほか：林産試験場報，**8**，6（1994）　http://www.fpri.hro.or.jp/rsjoho/15558003001.pdf

39) 清野新一：林産試だより，2002 年 10 月号　http://www.fpri.hro.or.jp/rsdayo/10210030607.pdf

40) 林野庁：木材価格統計調査（2014）　http://www.maff.go.jp/j/tokei/kouhyou/mokuryu/kakaku/pdf/mokuzai_kakaku_1402.pdf

41) 北海道電力：燃料費，経済産業省資料（2013）　http://www.meti.go.jp/committee/sougouenergy/sougou/denkiryokin/pdf/028_05_01.pdf

42) 山崎亨史：ケミカルエンジニアリング，**56**，6，化学工業社（2012）

43) 東京農工大学農学部林学科 編：新版林業実務必携，朝倉書店（1978）

44) 農林水産省告示：素材の日本農林規格　http://www.maff.go.jp/j/jas/jas_kikaku/pdf/kikaku_55.pdf

45) 寺沢実：日本木材学会北海道支部第 32 回研究会（2001）

46) 山崎亨史：デーリィマン，**62**，5，デーリィマン社（2012）

47) 飯塚堯介監修：ウッドケミカルスの技術，シーエムシー出版（2000）

48) （地独）北海道立総合研究機構林産試験場：　http://www.fpri.hro.or.jp/yomimono/biomass/ingredient/touka.html

49) H.F.J.Wenzl：The Chemical Technology of Wood, Academic Press（1970）

50) NEDO：バイオマスエネルギー高効率転換技術開発／セルロース系バイオマスを原料とする新規なエタノール醗酵技術等により燃料用エタノールを製造する技術の開発 平成 13〜17 年度成果報告書（2006）

51) （株）DINS 堺：http://www.dinsgr.co.jp/dins_sakai/business/baio_business/index.html

2 章

1) 日本特用林産振興会ホームページ：http://nittokusin.jp/wp/（2014 年 3 月 15 日現在）

2) 林野庁ホームページ／特用林産物の生産動向：http://www.rinya.maff.go.jp/j/tokuyou/tokusan/（2014 年 3 月 15 日現在）

3) 1 章の文献 6）

4) 政府統計の総合窓口ホームページ／平成 24 年特用林産基礎資料：http://www.e-stat.go.jp/SG1/estat/List.do?lid=000001116813（2014 年 3 月 15 日現在）

158　引 用 ・ 参 考 文 献

5) 政府統計の総合窓口ホームページ／木材統計調査長期累年統計表一覧：http://
www.e-stat.go.jp/SG1/estat/List.do?lid=000001061494（2014 年 3 月 15 日現在）

6) 1 章 9)

7) 環境省ホームページ／統計処理による鳥獣の個体数推定について：http://www.
env.go.jp/council/12nature/y124-04/mat02.pdf（2014 年 3 月 15 日現在）

8) 農林水産省ホームページ／全国の野生鳥獣による農作物被害状況について（平
成 24 年度）：http://www.maff.go.jp/j/press/seisan/saigai/140214.html（2014 年
3 月 15 日現在）

9) 林野庁ホームページ／森林における鳥獣被害対策のためのガイド―森林管理技
術者のためのシカ対策の手引き―（平成 24 年 3 月版）：http://www.rinya.maff.
go.jp/j/hogo/higai/pdf/gaide_all.pdf（2014 年 3 月 15 日現在）

10) 環境省ホームページ／狩猟及び有害捕獲等による主な鳥獣の捕獲数：https://
www.env.go.jp/nature/choju/docs/docs4/higai.pdf（2014 年 3 月 15 日現在）

11) 環境省ホームページ／年齢別狩猟免許所持者数：https://www.env.go.jp/
nature/choju/docs/docs4/menkyo.pdf（2014 年 3 月 15 日現在）

12) 佐藤喜和：“野生動物と人間社会の軋轢の背景―野生動物の人里への出没増加
は生息環境悪化の影響といえるか？―”，日本大学森林資源科学科 編：改訂 森
林資源科学入門，日本林業調査会，pp. 55〜73（2007）

13) 日本学術会議ホームページ／地球環境・人間生活にかかわる農業及び森林の多
面的な機能の評価について（答申）：http://www.scj.go.jp/ja/info/kohyo/pdf/
shimon-18-1.pdf（2014 年 3 月 15 日現在）

14) 林野庁ホームページ／森林の有する機能の定量的評価：http://www.rinya.maff.
go.jp/j/keikaku/tamenteki/con_3.html（2014 年 3 月 15 日現在）

15) 吉岡拓如：“森林バイオマスの収穫システム”，森林利用学会誌，**27**，3，pp.
153〜157（2012-07）

16) 吉岡拓如：“森のバイオマスを効率よく集める・運ぶ機械とそのシステム”，森
林科学，**40**，pp. 25〜32（2004-02）

17) T. Yoshioka："Study on the feasibility of a harvesting, transporting, and chipping
system for forest biomass resources in Japan", AGri-Biosci. Monogr., **1**, 1, pp. 1〜
60（2011-03）

18) 吉岡拓如：“アメリカ合衆国西部における森林火災防止に向けた取り組み”，機
械化林業，**642**，pp. 12〜15（2007-05）

19) 吉岡拓如：“カリフォルニアの森林で山火事と向き合う”，機械化林業，**720**，
pp. 21〜26（2013-11）

引 用 ・ 参 考 文 献　　*159*

4章

1）　首相官邸ホームページ：http://www.kantei.go.jp/jp/kakugikettei/
2）　総務省ホームページ：http://law.e-gov.go.jp/cgi-bin/idxsearch.cgi
3）　リーガルメディア株式会社：http://hourei.hounavi.jp/
4）　林野庁：林業の動向に関する年次報告・（森林・）林業白書，林業統計協会，農林統計協会，日本林業協会など（1965〜）　http://www.rinya.maff.go.jp/j/kikaku/hakusyo/index.html
5）　日本林業技術協会 編：森林・林業百科事典，丸善（2001）
6）　川瀬清：新版林産学概論，北海道大学図書刊行会（1982）
7）　林野庁ホームページ：http://www.rinya.maff.go.jp/j/kikaku/law/hakei.html
8）　森林・林業基本政策研究会:逐条解説 森林・林業基本法解説，大成出版社（2002）
9）　林野庁林政課・企画課監修：新たな林業・木材産業政策の基本方向，地球社（1996）
10）　森林・林業を考える会編：よくわかる日本の森林・林業 1997，日本林業調査会（1997）
11）　林野庁 監修：保安林の実務—平成 4 年度版—，地球社（1992）
12）　林野庁ホームページ：http://www.rinya.maff.go.jp/j/tisan/tisan/con_2_2_1.html
13）　林野庁ホームページ：林政審議会委員の公募について　http://www.rinya.maff.go.jp/j/press/rinsei/101022.html
14）　日本林業技術協会 編：森林・林業百科事典，丸善（2001）
15）　科学技術庁資源局：日本の森林資源—その現状と将来の見通し—第 1 部歴史的所産としての現状分析（1958）
16）　藤沢秀夫 ほか：日本の造林政策—行政の沿革と現状分析—，地球出版（1965）
17）　有永明人 ほか編著：戦後日本林業の展開過程，筑波書房（1988）
18）　遠藤日雄 編著：現代森林政策学，日本林業調査会（2008）
19）　藤田佳久：（講座 日本の国土・資源問題 5）現代日本の森林資源問題，汐文社（1984）
20）　北海道林務部 監修：分収育林ハンドブック，北海道林業改良普及協会（1985）
21）　林野庁ホームページ：
　　　http://www.rinya.maff.go.jp/j/kokuyu_rinya/kokumin_mori/katuyo/owner/
22）　林野庁ホームページ：http://www.rinya.maff.go.jp/j/rinsei/hojojigyou/pdf/m4.pdf
23）　毎日新聞：平成 26 年 10 月 10 日，第 49876 号（2014）

160 引用・参考文献

24) 日本建築学会ホームページ：http://www.aij.or.jp/jpn/databox/2010/20100726-1. htm

25) 林野庁ホームページ：http://www.rinya.maff.go.jp/j/riyou/koukyou/

26) 財務省主計局：平成 25 年度版特別会計ガイドブック（2013） https://www. mof.go.jp/budget/topics/special_account/fy2013/tokkai2512_00.pdf

27) 明日の林業経営を考える会：明日の林業経営に向けて―ポスト戦後 50 年の林業経営ビジョン―，日本林業調査会（1996）

28) 林野庁ホームページ：http://www.rinya.maff.go.jp/seisaku/shiryou2.pdf

29) 伊藤翔平：北方森林研究，62 号（2014） http://www.agr.hokudai.ac.jp/jfs-h/ index.php?plugin=attach&pcmd=open&file=025-028%A1%CB%B0%CB%C6%A3 %E6%C6%CA%BF.pdf&refer=%C2%E862%B9%E6%A1%A12014%C7%AF2%B7 %EE%C8%AF%B9%D4

30) 奈良県林業試験場：林業ハンドブック，奈良県林業試験場（1990）

31) 環境省：公園・街路樹等病害虫・雑草管理暫定マニュアル
http://www.env.go.jp/water/noyaku/hisan_risk/manual1/full.pdf

32) 林野庁企画課 監修・林業制度研究会 編：森林の流域管理システム，日本林業調査会（1990）

33) 全国林業構造改善協会 編：21 世紀の林業・山村を築く，全国林業構造改善協会（1994）

34) 林野庁：予算及び決算の概要
http://www.rinya.maff.go.jp/j/rinsei/yosankesan/index.html

36) 林野庁 監修：木材貿易の知識，農林出版（1965）

37) 佐竹修吉：立命館国際研究，**12**，2（2008） http://www.ritsumei.ac.jp/acd/cg/ ir/college/bulletin/Vol.21-2/07Satake.pdf

38) 宮島寛：林産試だより，1985 年 3 月号

39) 藤岡等：日曜大工でわが家を建てた，山海堂（1993）

40) 農林水産省：製材の日本農林規格 http://www.maff.go.jp/j/jas/jas_kikaku/ pdf/kikaku_40.pdf

41) 農林水産省：直交集成板の日本農林規格 http://www.maff.go.jp/j/jas/jas_ kikaku/pdf/kikaku_clt.pdf

42) 日刊木材新聞社：木材建材ウイクリー，1960 号（2014）

43) 日本林業調査会：林政ニュース，470 号（2013）

44) 日本林業調査会：林政ニュース，472 号（2013）

45) 日刊木材新聞社：日刊木材新聞，17482 号（2013）

引　用　・　参　考　文　献　　*161*

46)　日刊木材新聞社：日刊木材新聞，17532 号（2014）

47)　林野庁ホームページ：公共建築物等における木材の利用の促進に関する法律・主要 Q & A　http://www.rinya.maff.go.jp/j/riyou/koukyou/pdf/syuyou.pdf

48)　労働省職業安定局地域雇用対策課編：改訂林業雇用管理ハンドブック（1994）

49)　林野庁ホームページ：緑の雇用　http://www.rinya.maff.go.jp/j/routai/koyou/

50)　鈴木尚夫：林業経済 '87・1（1987）

51)　笠原義人 ほか：どうする国有林，リベルタ出版（2008）

52)　中央林業相談所編：日本林業の現状 4 国有林，地球出版（1965）

53)　全国木材組合連合会ホームページ：合法木材ナビ　http://www.goho-wood.jp/

54)　林野庁ホームページ：森林・林業再生プラン　http://www.rinya.maff.go.jp/j/kikaku/saisei/

── 著 者 略 歴 ──

松村　幸彦（まつむら　ゆきひこ）
1988 年　東京大学工学部化学工学科卒業
1990 年　東京大学大学院工学系研究科修士課程修了
　　　　　（化学エネルギー工学専攻）
1993 年　東京大学大学院工学系研究科博士課程単位取得の上，満期退学
　　　　　（化学エネルギー工学専攻）
1993 年　東京大学工学部助手
1994 年　博士（工学）（東京大学）
1994 年　米国ハワイ大学客員研究員
1996 年　東京大学大学院工学系研究科助手
1997 年　東京大学環境安全研究センター助教授
2001 年　広島大学大学院工学研究科助教授
2006 年　広島大学大学院工学研究科教授
　　　　　現在に至る

吉岡　拓如（よしおか　たくゆき）
1998 年　東京大学農学部生物環境科学課程卒業
2000 年　東京大学大学院農学生命科学研究科修士課程修了（森林科学専攻）
2002 年　日本学術振興会特別研究員（DC2）
2003 年　東京大学大学院農学生命科学研究科博士課程修了（森林科学専攻）
　　　　　博士（農学）
　　　　　日本学術振興会特別研究員（PD）
2005 年　日本大学生物資源科学部助手
2009 年　日本大学生物資源科学部専任講師
2012 年　日本大学生物資源科学部准教授
2013 年　米国カリフォルニア大学デイビス校客員研究員（兼任，2014 年まで）
　　　　　現在に至る

山崎　亨史（やまざき　みちふみ）
1985 年　北海道大学農学部林産学科卒業
1987 年　北海道大学大学院農学研究科修士課程修了（林産学専攻）
1987 年　北海道立林産試験場
2010 年　地方独立行政法人北海道立総合研究機構 森林研究本部 林産試験場
　　　　　（北海道立林産試験場が組織改編）
　　　　　現在に至る

森林バイオマスの恵み
— 日本の森林の現状と再生 —

Ⓒ 一般社団法人 日本エネルギー学会　2018

2018年1月18日　初版第1刷発行

検印省略	編　者	一般社団法人 日本エネルギー学会 ホームページ http://www.jie.or.jp
	著　者	松　村　幸　彦
		吉　岡　拓　如
		山　崎　亨　史
	発行者	株式会社　コロナ社
		代表者　牛来真也
	印刷所	萩原印刷株式会社
	製本所	有限会社　愛千製本所

112-0011　東京都文京区千石 4-46-10
発 行 所　株式会社 コロナ社
CORONA PUBLISHING CO., LTD.
Tokyo Japan
振替 00140-8-14844・電話(03)3941-3131(代)
ホームページ　http://www.coronasha.co.jp

ISBN 978-4-339-06833-7　C3361　Printed in Japan　　　　　　　　　　（柏原）

本書のコピー，スキャン，デジタル化等の無断複製・転載は著作権法上での例外を除き禁じられています。
購入者以外の第三者による本書の電子データ化及び電子書籍化は，いかなる場合も認めていません。
落丁・乱丁はお取替えいたします。

新コロナシリーズ

（各巻B6判，欠番は品切です）

			頁	本体
2.	ギャンブルの数学	木下栄蔵著	174	1165円
3.	音戯話	山下充康著	122	1000円
4.	ケーブルの中の雷	速水敏幸著	180	1165円
5.	自然の中の電気と磁気	高木相著	172	1165円
6.	おもしろセンサ	國岡昭夫著	116	1000円
7.	コロナ現象	室岡義廣著	180	1165円
8.	コンピュータ犯罪のからくり	菅野文友著	144	1165円
9.	雷の科学	饗庭貢著	168	1200円
10.	切手で見るテレコミュニケーション史	山田康二著	166	1165円
11.	エントロピーの科学	細野敏夫著	188	1200円
12.	計測の進歩とハイテク	高田誠二著	162	1165円
13.	電波で巡る国ぐにか	久保田博南著	134	1000円
14.	膜とは何か —いろいろな膜のはたらき—	大矢晴彦著	140	1000円
15.	安全の目盛	平野敏右編	140	1165円
16.	やわらかな機械	木下源一郎著	186	1165円
17.	切手で見る輸血と献血	河瀬正晴著	170	1165円
19.	温度とは何か —測定の基準と問題点—	櫻井弘久著	128	1000円
20.	世界を聴こう —短波放送の楽しみ方—	赤林隆仁著	128	1000円
21.	宇宙からの交響楽 —超高層プラズマ波動—	早川正士著	174	1165円
22.	やさしく語る放射線	菅野・関共著	140	1165円
23.	おもしろ力学 —ビー玉遊びから地球脱出まで—	橋本英文著	164	1200円
24.	絵に秘める暗号の科学	松井甲子雄著	138	1165円
25.	脳波と夢	石山陽事著	148	1165円
26.	情報化社会と映像	樋渡涓二著	152	1165円
27.	ヒューマンインタフェースと画像処理	鳥脇純一郎著	180	1165円
28.	叩いて超音波で見る —非線形効果を利用した計測—	佐藤拓宋著	110	1000円
29.	香りをたずねて	廣瀬清一著	158	1200円
30.	新しい植物をつくる —植物バイオテクノロジーの世界—	山川祥秀著	152	1165円
31.	磁石の世界	加藤哲男著	164	1200円

			頁	本体
32.	体 を 測 る	木 村 雄 治 著	134	1165円
33.	洗剤と洗浄の科学	中 西 茂 子 著	208	1400円
34.	電 気 の 不 思 議 ―エレクトロニクスへの招待―	仙 石 正 和 編著	178	1200円
35.	試 作 へ の 挑 戦	石 田 正 明 著	142	1165円
36.	地 球 環 境 科 学 ―滅びゆくわれらの母体―	今 木 清 康 著	186	1165円
37.	ニューエイジサイエンス入門 ―テレパシー,透視,予知などの超自然現象へのアプローチ―	窪 田 啓次郎 著	152	1165円
38.	科学技術の発展と人のこころ	中 村 孔 治 著	172	1165円
39.	体 を 治 す	木 村 雄 治 著	158	1200円
40.	夢を追う技術者・技術士	CEネットワーク編	170	1200円
41.	冬 季 雷 の 科 学	道 本 光一郎 著	130	1000円
42.	ほんとに動くおもちゃの工作	加 藤 孜 著	156	1200円
43.	磁 石 と 生 き 物 ―からだを磁石で診断・治療する―	保 坂 栄 弘 著	160	1200円
44.	音 の 生 態 学 ―音と人間のかかわり―	岩 宮 眞一郎 著	156	1200円
45.	リサイクル社会とシンプルライフ	阿 部 絢 子 著	160	1200円
46.	廃棄物とのつきあい方	鹿 園 直 建 著	156	1200円
47.	電 波 の 宇 宙	前 田 耕一郎 著	160	1200円
48.	住まいと環境の照明デザイン	饗 庭 貢 著	174	1200円
49.	ネ コ と 遺 伝 学	仁 川 純 一 著	140	1200円
50.	心を癒す園芸療法	日本園芸療法士協会編	170	1200円
51.	温 泉 学 入 門 ―温泉への誘い―	日本温泉科学会編	144	1200円
52.	摩 擦 へ の 挑 戦 ―新幹線からハードディスクまで―	日本トライボロジー学会編	176	1200円
53.	気 象 予 報 入 門	道 本 光一郎 著	118	1000円
54.	続 もの作り不思議百科 ―ミリ,マイクロ,ナノの世界―	J S T P編	160	1200円
55.	人のことば,機械のことば ―プロトコルとインタフェース―	石 山 文 彦 著	118	1000円
56.	磁 石 の ふ し ぎ	茂吉・早川共著	112	1000円
57.	摩 擦 と の 闘 い ―家電の中の厳しき世界―	日本トライボロジー学会編	136	1200円
58.	製 品 開 発 の 心 と 技 ―設計者をめざす若者へ―	安 達 瑛 二 著	176	1200円
59.	先端医療を支える工学 ―生体医工学への誘い―	日本生体医工学会編	168	1200円
60.	ハイテクと仮想の世界を生きぬくために	齋 藤 正 男 著	144	1200円
61.	未来を拓く宇宙展開構造物 ―伸ばす,広げる,膨らませる―	角 田 博 明 著	176	1200円
62.	科学技術の発展とエネルギーの利用	新宮原 正 三 著	154	1200円
63.	微生物パワーで環境汚染に挑戦する	椎 葉 究 著	144	1200円

定価は本体価格+税です。

定価は変更されることがありますのでご了承下さい。

図書目録進呈◆

エコトピア科学シリーズ

■名古屋大学未来材料・システム研究所 編（各巻A5判）

			頁	本体
1.	**エコトピア科学概論** ― 持続可能な環境調和型社会実現のために ―	田原　譲他著	208	2800円
2.	環境調和型社会のための**ナノ材料科学**	余語利信他著	186	2600円
3.	環境調和型社会のための**エネルギー科学**	長崎正雅他著	238	3500円
	環境調和型社会のための**環境科学**	楠　美智子他著		
	環境調和型社会のための**情報・通信科学**	内山知実他著		

シリーズ　21世紀のエネルギー

■日本エネルギー学会編　　　　　　　　　　（各巻A5判）

			頁	本体
1.	**21世紀が危ない** ― 環境問題とエネルギー ―	小島紀徳著	144	1700円
2.	**エネルギーと国の役割** ― 地球温暖化時代の税制を考える ―	十市・小川 佐川 共著	154	1700円
3.	**風と太陽と海** ― さわやかな自然エネルギー ―	牛山　泉他著	158	1900円
4.	**物質文明を超えて** ― 資源・環境革命の21世紀 ―	佐伯康治著	168	2000円
5.	**Cの科学と技術** ― 炭素材料の不思議 ―	白石・大谷 京谷・山田 共著	148	1700円
6.	**ごみゼロ社会は実現できるか**	行本・西 立田 共著	142	1700円
7.	**太陽の恵みバイオマス** ―CO₂を出さないこれからのエネルギー―	松村幸彦著	156	1800円
8.	**石油資源の行方** ― 石油資源はあとどれくらいあるのか ―	JOGMEC調査部編	188	2300円
9.	**原子力の過去・現在・未来** ― 原子力の復権はあるか ―	山地憲治著	170	2000円
10.	**太陽熱発電・燃料化技術** ― 太陽熱から電力・燃料をつくる ―	吉田・児玉 郷右近 共著	174	2200円
11.	**「エネルギー学」への招待** ― 持続可能な発展に向けて ―	内山洋司編著	176	2200円
12.	**21世紀の太陽光発電** ― テラワット・チャレンジ ―	荒川裕則著	200	2500円
13.	**森林バイオマスの恵み** ― 日本の森林の現状と再生 ―	松村・吉岡 山崎 共著	174	2200円

以下続刊

大容量キャパシタ
―これからの「電池ではない電池」― 　直井・堀 編著

新しいバイオ固形燃料
― バイオコークス ― 　井田民男著

エネルギーフローアプローチによる省エネ 　駒井敬一著

定価は本体価格＋税です。
定価は変更されることがありますのでご了承下さい。

図書目録進呈◆